数据管理与统计分析

基于R应用

主编　焦燕妮　杨路平　王　钟　张治旺
　　　吕明飞　王国玲　郭明才　卢连华

·青岛·

图书在版编目(CIP)数据

数据管理与统计分析：基于 R 应用 / 焦燕妮等主编. -- 青岛：中国海洋大学出版社, 2021.3（2023.2重印）

ISBN 978-7-5670-2741-1

Ⅰ. ①数… Ⅱ. ①焦… Ⅲ. ①数据管理 Ⅳ. ①TP274

中国版本图书馆 CIP 数据核字(2021)第 011725 号

出版发行 中国海洋大学出版社

社　　址 青岛市香港东路 23 号　　**邮政编码** 266071

出 版 人 杨立敏

网　　址 http://pub.ouc.edu.cn

电子信箱 cbsebs@ouc.edu.cn

责任编辑 邹伟真　赵孟欣　　**电　　话** 0532-85902469

印　　制 瑞丰祥印刷有限公司

版　　次 2021 年 3 月第 1 版

印　　次 2023 年 2 月第 2 次印刷

成品尺寸 185 mm × 260 mm

印　　张 13.5

字　　数 320 千

印　　数 1001~1300

定　　价 78.00 元

前　言

工欲善其事，必先利其器。

数据管理与统计分析和公共卫生的诸多专业领域息息相关。大数据时代，如何管理、统计和分析数据，是每个科技工作者面临的主要问题，也是专业技术人员不可或缺的技能之一。

R作为一种功能强大的开源软件，近年来在很多领域的受欢迎程度快速攀升，在基本统计分析、建模、数据挖掘和数据可视化方面都有其独到之处。

本书的主编、副主编顺应时代发展要求，群策群力，集思广益，将经典统计理论和R语言有机结合起来，编写了《数据管理与统计分析：基于R应用》一书。本书主要内容包括R语言基础、描述统计学、正态分布、线性相关分析、简单线性回归、多元线性回归、非线性拟合、假设检验和列联表资料统计分析等。

本书主要适用于有数据管理和统计分析需求的各级、各类专业人员，也可供相关专业高校学生在内的其他人员参考。

书中引用了一些公开发表的文献资料，在此不能一一列举，谨向这些文献的原作者表示谢意。

本书编写过程中，限于我们的学识，疏漏和错误在所难免，恳请各位专家和同行指正。

编　者

2020年11月6日于济南

目 录

第一章 R语言基础 …… (1)

第一节 概述 …… (1)

第二节 R包 …… (3)

第三节 向量 …… (6)

第四节 数据框 …… (11)

第五节 矩阵 …… (22)

第六节 变量重命名与格式转换 …… (24)

第七节 R绘图颜色 …… (25)

第八节 R实例 …… (32)

第二章 描述统计学 …… (46)

第一节 数据的计量尺度 …… (46)

第二节 数值法描述性统计 …… (47)

第三节 基于R的数值法描述性统计 …… (52)

第四节 表格法描述性统计 …… (55)

第三章 正态分布 …… (60)

第一节 一维正态分布与二维正态分布 …… (60)

第二节 连续变量的正态性检验 …… (63)

第三节 变量变换 …… (65)

第四章 线性相关分析 …… (69)

第一节 概论 …… (69)

第二节 基于R的相关系数显著性检验 …… (76)

第五章 简单线性回归 …… (79)

第一节 概论 …… (79)

第二节 R实例 …… (87)

第六章 多元线性回归 ······ (110)
第一节 概论 ······ (110)
第二节 多元线性回归变量选择方法 ······ (115)
第三节 R实例 ······ (117)
第四节 压缩估计 ······ (140)
第五节 降维方法 ······ (153)

第七章 非线性拟合 ······ (158)

第八章 假设检验 ······ (171)
第一节 t检验 ······ (171)
第二节 Wilcox检验 ······ (177)
第三节 单因素方差分析 ······ (180)
第四节 组间差异分析与两两比较 ······ (194)

第九章 列联表资料统计分析 ······ (199)

参考文献 ······ (208)

第一章　R语言基础

第一节　概　述

R语言由新西兰奥克兰大学的Ross Ihaka和Robert Gentleman创建于1993年,用于统计分析和数据可视化,目前由R语言开发核心团队开发。

一、R软件下载

R主页(https://www.r-project.org/)
中国镜像网站
https://mirrors.tuna.tsinghua.edu.cn/CRAN/
https://mirrors.bfsu.edu.cn/CRAN/
https://mirrors.ustc.edu.cn/CRAN/
https://mirror-hk.koddos.net/CRAN/
https://mirrors.e-ducation.cn/CRAN/
https://mirror.lzu.edu.cn/CRAN/
https://mirrors.nju.edu.cn/CRAN/
https://mirrors.tongji.edu.cn/CRAN/
https://mirrors.sjtug.sjtu.edu.cn/cran/

二、R命令分隔符

R命令对大小写敏感。在R中用分号";"来隔开同一行中的不同命令语句。

不同的命令语句也可以另起新行,当命令结束时,可以不使用任何标点符号,R会自动识别结束的位置。

三、R命令标志符

标志符" > "不是R命令,它出现在图形用户界面,表示系统已经做好准备,正在等待输入命令。当一个命令语句输入完成后,敲回车键即可执行。

四、R命令注释符

R命令的注释符为"#",它后面可以输入对命令语句的解释(注释能帮助解释R语言的命令语句,并不是每个命令语句都需要注释,有需要才注释)。在执行命令语句时,注释符号后的一行内容会被解释器忽略。

例如:# My first program in R Programming

注释语句可以紧跟在被注释的命令语句后,也可另起一行。R语言只支持单行注释,以#开始,到行末结束。

五、同时执行多条R命令

菜单:文件 -> 新建程序脚本

命令输入完成后,按住鼠标左键选中输入的R命令,单击鼠标右键,在出现的列表中点击"运行当前行或所选代码"。

六、查看R函数代码

①对于R包里的函数,需要先调用该函数所在的R包。

②最直接的方法是直接键入函数(不加括号),大部分函数源代码就可以直接显现出来。

③对于计算方法不同的函数,要用methods()来定义具体的查看对象,如查看函数mean的代码:

```
mean
## function (x,...)
## UseMethod("mean")
## <bytecode: 0x000000000960ab68>
## <environment: namespace:base>
methods(mean)
## [1] mean.Date   mean.default   mean.difftime mean.POSIXct   mean.
POSIXlt
## [6] mean.quosure*
## see '?methods' for accessing help and source code
```

对于methods()得出的类函数,不带星号标注的,运行该代码,即可显示源代码。

```
mean.default
## function (x,trim = 0,na.rm = FALSE,...)
## {
##     if (!is.numeric(x) && !is.complex(x) && !is.logical(x)) {
##    warning("argument is not numeric or logical: returning NA")
##         return(NA_real_)
##     }
##     if (na.rm)
##         x <- x[!is.na(x)]
##     if (!is.numeric(trim) || length(trim) != 1L)
##         stop("'trim' must be numeric of length one")
```

```
##     n <- length(x)
##     if (trim > 0 && n) {
##         if (is.complex(x))
##         stop("trimmed means are not defined for complex data")
##         if (anyNA(x))
##             return(NA_real_)
##         if (trim >= 0.5)
##             return(stats::median(x,na.rm = FALSE))
##         lo <- floor(n * trim) + 1
##         hi <- n + 1 - lo
##         x <- sort.int(x,partial = unique(c(lo,hi)))[lo:hi]
##     }
##     .Internal(mean(x))
## }
## <bytecode: 0x0000000009b91758>
## <environment: namespace:base>
```

对于 methods()得出的类函数中带星号标注的,用函数 getAnywhere()。

七、查看函数的帮助(以查看函数 summary 的帮助为例)

```
help(summary)
```

八、显示函数的示例(以 summary 为例)

```
example(summary)
```

第二节 R包

R包是R函数、数据、预编译代码以一种定义完善的格式组成的集合,是R的灵魂。全世界有成千上万的R包开发者提供了能实现各种功能的R包, 至今已有16 000多个,可以根据自己的工作领域,按需选用。

一、基础R包

基础R包也叫核心包或推荐包,随R软件安装到计算机。基础R包大概有30个,包括"base" "boot" "class" "cluster" "codetools" "compiler" "datasets" "foreign" "graphics" "grDevices" "grid" "KernSmooth" "lattice" "MASS" "Matrix" "methods" "mgcv" "nlme" "nnet" "parallel" "rpart" "spatial" "splines" "stats" "stats4" "survival""tcltk""tools""translations""utils", 这些R包实现了大量的基础功能。

其中,7 个基础 R 包 (“stats”“graphics”“grDevices”“utils”“datasets”“methods”“base”)在 R 启动时已经载入,它们提供了种类繁多的默认函数和数据集。

除了基础 R 包外,其他绝大多数 R 包都需要安装。安装只需一次,但每次应用都需要用 library()加载。

二、R 包资源

R 包的主要资源都在 Comprehensive R Archive Network(综合 R 档案网络,英文缩写:CRAN)上。越来越多的作者选择在更通用的 GitHub 上共享包的开发版本。生物信息学领域还有自己的资源库:Bioconductor,提供分析高通量基因数据的工具。

官网 CRAN 的服务器在国外,下载 R 包的时候会有较多的延迟和等待。为了加快 R 包的下载速度,可以选择国内的镜像地址。

三、安装 R 包

1. 在图形用户界面安装第三方包

图形用户界面(Graphical User Interface,简称 GUI,又称图形用户接口),是指采用图形方式显示的计算机操作用户界面。

菜单:程序包 -> 安装程序包

根据显示的 R 包目录清单,选择需要安装的 R 包名称,点击“确定”。

2. 命令安装(以安装 MASS 包为例)

```
install.packages("MASS")
```

回车后显示如下信息:

——在此連線階段时请选用 CRAN 的鏡子——

选取一个国内镜像网站,点击“确定”。

3. 一次安装多个 R 包

在 install.packages() 函数中输入一组 R 包名称向量来同时安装多个包。

例如:同时安装 ISLR 和 MASS 包。

```
install.packages(c("ISLR","MASS"))
```

四、显示已经安装的 R 包

```
.packages(all.available=T)
```

五、加载 R 包

一旦安装完成 R 包, 就可以使用 library () 函数进行加载了。如果没有使用 library() 函数加载 R 包,就不能使用其中的函数、数据集和帮助文件。除了 7 个基础 R 包以外,其他 R 包在使用前都需要安装和加载。

如果执行加载命令后出现下述提示:

Error in library(bbs) : 不存在叫“bbs”这个名字的程辑包

可能的原因是尚未安装此 R 包。

六、查看已经加载的 R 包

```
(.packages())
```

七、更新 R 包(需要联网)

```
update.packages()
```

执行“update.packages()”命令后,每一个需要更新的包都询问“yes or no”,需要更新,选“yes”;否则,选“no”。

```
update.packages(ask=FALSE)# 无需询问,直接更新
```

执行上述命令后,出现网站列表,选取一个国内镜像网站,确定即可。

八、查看已安装 R 包的帮助信息(需要联网)

```
help(package="graphics")
```

查看已安装 R 包的帮助信息, 比如该包中有哪些函数和数据集。如果该包提供了信息,会以网页的形式打开帮助文件。其中,“graphics”是 R 包的名称。

九、显示某个已安装 R 包的说明书(以 ggplot2 包为例)

```
library(help="ggplot2")
```

十、直接在 R 包中引用对象

如果想要明确指出对象来自于哪个 R 包,在包的名称后面加两个冒号,[包名]::[对象名],例如:

```
dplyr::mutate()
```

十一、列出 R 包中的对象(以 ISLR 包为例)

```
library(ISLR)# 需要先加载 ISLR 包
objects("package:ISLR")
```

十二、列出 R 包中每个对象的简要信息清单(以 ISLR 包为例)

```
library(ISLR)# 需要先加载 ISLR 包
ls.str("package:ISLR")
```

十三、卸除加载的包(以 ISLR 包为例)

将已经加载的包卸除,注意不是删除,只是不再加载这个包。这种操作在 R 包函数冲突时尤其需要。

```
detach("package:ISLR")
```

十四、查看 R 包(以 MASS 包为例)

```
library(fBasics)# 使用下述函数需要加载 fBasics 包
listDescription("MASS")# 查看 R 包描述
listFunctions("MASS")# 查看 R 包中的函数
countFunctions("MASS")# 查看 R 包中函数的个数
listIndex("MASS")# 查看 R 包索引
```

第三节　向　　量

向量是由相同类型的元素组成的一维数组。

一、向量的元素类型

向量按元素类型划分为数值型向量、字符型向量和逻辑型向量。

```
a<-c(1,2,5,3,6,-2,4)
b<-c("one","two","three")
c<-c(TRUE,TRUE,TRUE,FALSE,TRUE,FALSE)
```

其中,a 是数值型向量,b 是字符型向量,c 是逻辑型向量。

二、改变向量属性

```
as.character()# 转为字符型
as.numeric()# 转为数值型
as.logical()# 转为逻辑型
```

例如:将向量 a 转换为字符型向量

```
a<-c(1,2,5,3,6,-2,4)
a<-as.character(a)
a
## [1] "1"  "2"  "5"  "3"  "6"  "-2" "4"
```

三、创建向量

创建向量使用 c( )函数。

(一)创建字符型向量

英文输入状态下用双引号把字符串引用起来,字符串之间用逗号隔开。

```
apple<-c("red","green","yellow")
apple
## [1] "red"   "green"  "yellow"
```

(二)创建数值向量

1. 用给定的数据创建向量

用数据1,3,5,2,11,9,3,9,12,3创建向量:

```
x<-c(1,3,5,2,11,9,3,9,12,3)
x
##  [1]  1  3  5  2 11  9  3  9 12  3
```

2. 生成有序向量

(1)使用冒号

```
x<-1：10
x
##  [1]  1  2  3  4  5  6  7  8  9 10
x<-10：1
x
##  [1] 10  9  8  7  6  5  4  3  2  1
```

利用"："只能生成步长为1的向量,若要生成任意步长的向量需要使用函数seq()。

(2)使用seq( )函数产生等间距的有序向量

```
seq(0,1,length.out = 11) # 三个参数,最小值、最大值、向量长度
##  [1] 0.0 0.1 0.2 0.3 0.4 0.5 0.6 0.7 0.8 0.9 1.0
seq(1,9,by = 2) # 三个参数,最小值、最大值、步长(序列的增量)
## [1] 1 3 5 7 9
seq(17) # same as 1：17,间距省略时默认值为1
##  [1]  1  2  3  4  5  6  7  8  9 10 11 12 13 14 15 16 17
seq(0,by = 0.03,length = 10)
##  [1] 0.00 0.03 0.06 0.09 0.12 0.15 0.18 0.21 0.24 0.27
```

(3)使用函数rep( )

函数rep( )可以通过重复一个基本数值或数值对象多次来创建一个较长的向量,它有2个参数(数据,重复次数)。例如:

```
x<-rep(1,10)
x
##  [1] 1 1 1 1 1 1 1 1 1 1
x<-rep(c(1,2,3),3)
x
## [1] 1 2 3 1 2 3 1 2 3
```

3. 创建逻辑向量(布尔向量)

```
x<-c(10.4,5.6,3.1,6.4,21.7)# 建立数值向量 x
temp<-x>13 # 建立一个 x 是否满足大于 13 的逻辑向量
temp
## [1] FALSE FALSE FALSE FALSE TRUE
```

4. 用R生成随机数

(1)生成正态分布随机数

随机数发生器需要一个初始值来生成数字,此初始值即所谓的“种子”。要产生相同的随机数,每次都要先运行 set.seed(),并且括号内的数字要相同。括号内可以是正整数、负整数、零或小数,种子不变,结果就不变。不同的种子将给出不同的随机数。

rnorm(n,mean = 0,sd = 1)#n 为产生数据的个数,省略后两个参数,默认标准正态分布

```
set.seed(12)
x <- rnorm(6)
x
## [1] -1.4805676  1.5771695 -0.9567445 -0.9200052 -1.9976421 -0.2722960
```

(2)生成均匀分布随机数

runif(n,min = 0,max = 1)#n 为产生数据的个数,省略后两个参数,默认生成随机数的范围为 0~1.

①生成 5.0 和 7.5 之间的随机数。生成一个十进制规定的最低和最高之间的任何值(包括分数值),使用 runif()函数。 这个函数生成均匀分布的随机数。

runif()函数第一个参数为生成随机数的个数,第 2、第 3 个参数为随机数的范围。如果只是产生随机数,对范围没有限制,第 2、第 3 个参数可以省略。

```
x1 <- runif(1,5.0,7.5)
x1
## [1] 5.258302
```

每次运行上述命令,会得到一个不同的数字,但它一定会在 5.0 和 7.5 之间。

②生成多个随机数,可以通过指定 runif()函数的第一个参数实现。例如:产生 10 个 5.0 和 7.5 之间的随机数。

```
x2 <- runif(10,5.0,7.5)
x2
##  [1] 6.448622 5.157843 5.843611 5.573984 5.552656 5.076160
6.675889 6.413490
##  [9] 5.229807 7.129095
```

③生成 20 个从 0 到 1 区间范围内服从均匀分布的随机数。

```
options(digits=3)# 显示小数点后三位有效数字的格式
x<-runif(20)
```

(三)模拟抽样(设置种子可以保证抽样结果的重现性)

1. 在 1 到 10 之间随机抽取 1 个数

```
x1 <- sample(1:10,1)
x1
## [1] 9
```

2. 在“一组数”之间随机抽取多个数

如果要生成多个允许重复的随机数,必须增加一个额外的参数 replace=T,表示允许重复有放回抽取。

```
x2 <- sample(1:10,5,replace=T)
x2
## [1] 9 1 7 1 2
```

如果要生成多个不允许重复的随机数,可以增加一个额外的参数 replace=F,表示不允许重复。参数 replace=F 可以省略,sample()函数默认无放回抽样。

```
x2 <- sample(1:10,5,replace=F)
x2
## [1]  9  3  6  2 10
```

注意:抽样数量不能大于样本总数。

四、索引向量

索引向量,就是访问向量中的部分或单个元素,R 语言提供如下多种索引方法。

1. 使用下标索引向量

首先创建一个向量 x:

```
x <-(1:5)^2# 创建向量
## [1] 1 4 9 16 25
```

(1)从向量 x 中选取第 3 个元素

```
x[3]
## [1] 9
```

(2)从向量 x 中选取第 1、第 3、第 5 个元素

```
x[c(1,3,5)]
## [1]  1  9 25
```

(3)选取向量 x 中的第 2 到 4 个元素

```
x[c(2:4)]
## [1]  4  9 16
```

(4)删除向量 x 中第 2、第 4 个元素后剩下的部分元素

```
x[c(-2,-4)]
## [1]  1  9 25
```

(5)选取向量 x 中值大于 9 的元素

```
x[x>9]
## [1] 16 25
```

(6)使用 TRUE、FALSE 选取

```
x[c(TRUE,FALSE,TRUE,FALSE,TRUE)]
## [1]  1  9 25
```

2. 使用 subset()函数

```
subset(x,x>9)
## [1] 16 25
```

五、which 函数

```
x<-(1:5)^2# 创建向量
which(x>10)# 显示向量 x 中大于 10 的元素序号
## [1] 4 5
```

which.min 和 which.max 分别是 which(min(x)) 和 which(max(x)) 的简写:

```
which.min(x) # 显示向量 x 中最小的元素序号
## [1] 1
which.max(x) # 显示向量 x 中最大的元素序号
## [1] 5
```

六、常用向量函数

常用函数

函数名	功能	示例:x<-c(2,1,5,3,4),y<-c(8,9)	
		输入	输出
sum	求和	sum(x)	[1] 15
max	最大值	max(x)	[1] 5
min	最小值	min(x)	[1] 1
mean	均值	mean(x)	[1] 3
length	长度	length(x)	[1] 5
var	方差	var(x)	[1] 2.5
sd	标准差	sd(x)	[1] 1.581139
median	中位数	median(x)	[1] 3
quantile	百分位数	quantile(x)	0% 25% 50% 75% 100% 1 2 3 4 5
rev	向量逆转	rev(x)	[1] 4 3 5 1 2
append	添加	append(x,8) append(x,y)	[1] 2 1 5 3 4 8 [1] 2 1 5 3 4 8 9
replace	替换	replace(x,1,7) replace(x,c(1,2),7)	[1] 7 1 5 3 4 [1] 7 7 5 3 4
abs	取绝对值	abs(x)	[1] 2 1 5 3 4
sqrt	平方根	sqrt(x)	[1] 1.414214 1.000000 2.236068 1.732051 2.000000
intersect	取交集	intersect(x,y)	numeric(0)
union	取并集	union(x,y)	[1] 2 1 5 3 4 8 9

七、对向量排序

sort()函数按向量从小到大(或从大到小)排序：

```
x <- c(2,32,4,16,8)
sort(x)
## [1]  2  4  8 16 32
sort(x,decreasing = TRUE)
## [1] 32 16  8  4  2
```

八、分割向量

```
x<- c(1,2,2,2,3,3,5,5,7,8,9,8,7,3)
x<-cut(x,breaks=3,dig.lab=1)# 取整分割向量
table(x)
## x
## (1,4] (4,6] (6,9]
##     7     2     5
```

九、命名

```
x<-c(1,4,9,16,25)
names(x)<-c("one","four","nine","sixteen","twenty five")
x
##     one     four     nine     sixteen    twenty five
##      1        4        9        16            25
```

第四节　数据框

数据框是R中最常用的数据结构,列表示变量,行表示观测,每一行包含来自每一列的一组值。不同的列可以包含不同模式(数值型、字符型等)的数据,但每一列数据的模式必须唯一。数据框的列名称应为非空,行名称应该是唯一的。每个列包含相同数量的数据项。

一、创建数据框

数据框使用data.frame()函数创建,每一列是等长度向量。在创建数据框的时候,字符串的列会自动转换成因子。如果不需要将字符串自动转换成因子，加参数stringsAsFactors = FALSE。

```
emp.data <- data.frame(
emp_id = c (1 : 5),
emp_name = c("Rick","Dan","Michelle" ,"Ryan","Gary"),
salary = c(623.3,515.2,611.0,729.0,843.25),
start_date = as .Date(c("2012-01-01","2013-09-23","2014-11-15","2014-0
5-11","2015-03-27")),
stringsAsFactors = FALSE )
emp.data

##   emp_id emp_name salary start_date
## 1      1     Rick 623.30 2012-01-01
## 2      2     Dan  515.20 2013-09-23
## 3      3 Michelle 611.00 2014-11-15
## 4      4     Ryan 729.00 2014-05-11
## 5      5     Gary 843.25 2015-03-27
```

可以使用 row.names()重新为每行命名。

二、数据框统计摘要

使用 summary()函数获取数据框的统计摘要。

```
summary(emp.data)
```

三、选取数据

1. 使用列名称从数据框中选取特定列

```
result<-data.frame(emp.data$emp_name,emp.data$salary)
result
##   emp.data.emp_name emp.data.salary
## 1           Rick         623.30
## 2           Dan          515.20
## 3           Michelle     611.00
## 4           Ryan         729.00
## 5           Gary         843.25
```

2. 先选取前两行,然后选取所有列

```
result<-emp.data[1 : 2,]
result
##   emp_id emp_name salary start_date
## 1      1     Rick  623.3 2012-01-01
## 2      2      Dan  515.2 2013-09-23
```

3. 选取第2和第4列中的第3和第5行

```
result<-emp.data[c(3,5),c(2,4)]
result
##    emp_name start_date
## 3 Michelle 2014-11-15
## 5     Gary 2015-03-27
```

4. 提取满足条件的子集

```
subset(emp.data,salary>600) # 提取满足条件 salary>600 的子集
##    emp_id emp_name salary start_date
## 1       1     Rick 623.30 2012-01-01
## 3       3     Michelle 611.00 2014-11-15
## 4       4     Ryan 729.00 2014-05-11
## 5       5     Gary 843.25 2015-03-27
```

四、变量可视化

①View()函数会把数据框显示为只读的电子表格。

②edit 和 fix 函数的工作方式与 View 类似,但它允许手动更改数据值。

```
new_dfr <- edit(emp.data) # 更改将保存于 new_dfr
fix(emp.data) # 更改将保存于 emp.data
```

五、数据框转置

像矩阵一样,数据框可使用 t 函数进行转置。

```
t(emp.data)
```

六、读取数据框中的变量

1. 很多函数中有data参数,可以指定数据框,然后在函数内部直接访问数据框中的变量

```
library(ISLR)
boxplot(mpg~year,data = Auto)
```

2. 使用美元符号$

```
boxplot(Auto$mpg~Auto$year)
```

3. 使用attach函数

```
library(ISLR)
attach(Auto)
boxplot(mpg~year)
detach(Auto)# 卸载数据框
```

使用attach()函数的前提是数据框外没有同名的变量。挂接后若要对数据框元素进行赋值操作,仍需用"$",否则视为赋值给数据框外的元素。赋值后必须要先卸载再重新挂

接后,新值才可见。

```
library(ISLR)
plot(Auto[[1]],Auto[[5]])# 数据集第一列和第五列
plot(Auto[,1],Auto[,5]) # 数据集第一列和第五列
plot(Auto$weight,Auto$mpg)# 数据集 Auto 的变量 weight 和 mpg
attach(Auto)# 加载数据集
plot(weight,mpg)
```

上述4种命令的结果相同。

七、删除数据框的行(以数据集 emp.data 为例)

```
emp.data <- data.frame(
emp_id = c (1:5),
emp_name = c("Rick","Dan","Michelle","Ryan","Gary"),
salary = c(623.3,515.2,611.0,729.0,843.25),
start_date = as.Date (c ("2012-01-01","2013-09-23","2014-11-15",
"2014-05-11","2015-03-27")),
stringsAsFactors = FALSE )
emp.data
##   emp_id emp_name salary start_date
## 1      1     Rick 623.30 2012-01-01
## 2      2      Dan 515.20 2013-09-23
## 3      3 Michelle 611.00 2014-11-15
## 4      4     Ryan 729.00 2014-05-11
## 5      5     Gary 843.25 2015-03-27
emp.data1=emp.data[-1,] # 删除第一行
emp.data1
##   emp_id emp_name salary start_date
## 2      2      Dan 515.20 2013-09-23
## 3      3 Michelle 611.00 2014-11-15
## 4      4     Ryan 729.00 2014-05-11
## 5      5     Gary 843.25 2015-03-27
emp.data2=emp.data[c(-1,-2),] # 删除第一行和第二行
emp.data2
##   emp_id emp_name salary start_date
## 3      3 Michelle 611.00 2014-11-15
## 4      4     Ryan 729.00 2014-05-11
## 5      5     Gary 843.25 2015-03-27
emp.data3=emp.data[-1:-3,]# 删除第一行到第三行
```

```
emp.data3
##   emp_id emp_name salary start_date
## 4      4     Ryan 729.00 2014-05-11
## 5      5     Gary 843.25 2015-03-27
emp.data4<-emp.data[c(-2,-4)]# 剔除第 2 个和第 4 个变量(第 2 列和第 4 列)
emp.data4
##   emp_id salary
## 1      1 623.30
## 2      2 515.20
## 3      3 611.00
## 4      4 729.00
## 5      5 843.25
```

八、给出 R 内置数据集 mtcars 的基本信息

```
??mtcars # 显示数据集 mtcars 的详细信息
mtcars # 显示数据集 mtcars 的全部 32 个观测值
head(mtcars)# 显示数据集 mtcars 中前 6 个观测值
tail(mtcars) # 显示数据集 mtcars 中后 6 个观测值
names(mtcars) # 显示数据集 mtcars 中的变量
data.entry(mtcars) # 浏览和修改 mtcars 数据集
```

九、数据中心化和标准化

数据中心化和标准化,取消了由于量纲不同、自身变异或者数值相差较大所引起的误差。数据标准化:数值减去均值,再除以标准差;得到的一组数据其均值为 0,标准差为 1。用 scale()函数。

十、扩展数据框

可以通过添加列和行来扩展数据帧。

1. 添加列

(1)使用新的列名称添加列向量

```
emp.data <- data.frame(
emp_id = c (1:5),
emp_name = c("Rick","Dan","Michelle","Ryan","Gary"),
salary = c(623.3,515.2,611.0,729.0,843.25),
start_date = as.Date (c ("2012-01-01","2013-09-23","2014-11-15",
"2014-05-11","2015-03-27")),
stringsAsFactors = FALSE )
dept<-c("IT","Operations","IT","HR","Finance")
```

```
emp.data<-data.frame(emp.data,dept);emp.data
##   emp_id emp_name salary start_date       dept
## 1      1     Rick 623.30 2012-01-01         IT
## 2      2      Dan 515.20 2013-09-23 Operations
## 3      3 Michelle 611.00 2014-11-15         IT
## 4      4     Ryan 729.00 2014-05-11         HR
## 5      5     Gary 843.25 2015-03-27    Finance
```

(2)cbind 函数

```
ID<-c(1,2,3,4)
name<-c("A","B","C","D")
score<-c(60,70,80,90)
sex<-c("M","F","M","M")
student1<-data.frame(ID,name)
student1
##   ID name
## 1  1    A
## 2  2    B
## 3  3    C
## 4  4    D
student2<-data.frame(score,sex)
student2
##   score sex
## 1    60   M
## 2    70   F
## 3    80   M
## 4    90   M
total_student<-cbind(student1,student2)
total_student
##   ID name score sex
## 1  1    A    60   M
## 2  2    B    70   F
## 3  3    C    80   M
## 4  4    D    90   M
```

2. 添加行

使用 rbind()函数添加行。

添加的行要与现有数据框相同结构(列数相同),在下面的示例中,创建一个包含新行的数据框,并将其与现有数据框合并以创建最终数据框。

```
emp.data <- data.frame(
```

```
emp_name = c("Rick","Dan","Michelle","Ryan","Gary"),
salary = c(623.3,515.2,611.0,729.0,843.25),
start_date = as.Date (c ("2012-01-01","2013-09-23","2014-11-15",
"2014-05-11","2015-03-27")),stringsAsFactors = FALSE )
emp.data
##   emp_name salary start_date
## 1     Rick 623.30 2012-01-01
## 2      Dan 515.20 2013-09-23
## 3 Michelle 611.00 2014-11-15
## 4     Ryan 729.00 2014-05-11
## 5     Gary 843.25 2015-03-27
emp.newdata<-data.frame(
emp_name=c("Rasmi","Pranab","Tusar"),
salary=c(578.0,722.5,632.8),
start_date=as.Date(c("2013-05-21","2013-07-30","2014-06-17")),
stringsAsFactors=FALSE)
emp.newdata
##   emp_name salary start_date
## 1    Rasmi  578.0 2013-05-21
## 2   Pranab  722.5 2013-07-30
## 3    Tusar  632.8 2014-06-17
emp.finaldata<-rbind(emp.data,emp.newdata)
emp.finaldata
##   emp_name salary start_date
## 1     Rick 623.30 2012-01-01
## 2      Dan 515.20 2013-09-23
## 3 Michelle 611.00 2014-11-15
## 4     Ryan 729.00 2014-05-11
## 5     Gary 843.25 2015-03-27
## 6    Rasmi 578.00 2013-05-21
## 7   Pranab 722.50 2013-07-30
## 8    Tusar 632.80 2014-06-17
```

3. 某列为基准汇总

使用 merge()函数汇总数据框。

两个数据框是通过一个或多个共有变量进行联结。将两个数据框按照 ID 进行合并。

```
ID<-c(1,2,3,4)
name<-c("A","B","C","D")
score<-c(60,70,80,90)
```

```
student1<-data.frame(ID,name)
student1
##   ID name
## 1  1    A
## 2  2    B
## 3  3    C
## 4  4    D
student2<-data.frame(ID,score)
student2
##   ID score
## 1  1    60
## 2  2    70
## 3  3    80
## 4  4    90
total_student<-merge(student1,student2,by="ID")
total_student
##   ID name score
## 1  1    A    60
## 2  2    B    70
## 3  3    C    80
## 4  4    D    90
```

十一、数据集导入

1. 导入逗号分隔文件(csv)

导入位于D盘的文件auto.csv(来自R包ISLR),R只能把原始文件中的空格识别为缺失值,如果原始文件中存在"/""?"等字符,不能识别,需要加选项:

```
na.strings = c("/","?")
```

参数as.is= FALSE将字符变量设置为分类变量

参数colClasses=c("numeric","factor")),数据读入时指定第一列为数值变量,第二列为因子变量。

```
auto<-read.table("D:/auto.csv",sep=",",na.strings=c("/","?"),header=TRUE)
auto
```

2. 导入Stata数据

导入D盘根目录下文件名为cps4.dta的数据集文件,赋值给mydata。其中,cps4.dta是Stata数据集。

```
library(foreign)# 加载名称为foreign的R包
mydata<-read.dta("D:/cps4.dta")
```

十二、数据长宽格式转换

R 自带数据集 PlantGrowth，变量 weight 是植物的重量,group 是不同处理，包括 trt1、trt2 和空白对照组 ctrl。

函数 split()可以按照分类变量因子水平,把数据框进行分组。它的返回值是一个列表,代表分类变量每个水平的观测。

1. 长格式转换宽格式

```
PlantGrowth
##    weight group
## 1    4.17  ctrl
## 2    5.58  ctrl
## 3    5.18  ctrl
## 4    6.11  ctrl
## 5    4.50  ctrl
## 6    4.61  ctrl
## 7    5.17  ctrl
## 8    4.53  ctrl
## 9    5.33  ctrl
## 10   5.14  ctrl
## 11   4.81  trt1
## 12   4.17  trt1
## 13   4.41  trt1
## 14   3.59  trt1
## 15   5.87  trt1
## 16   3.83  trt1
## 17   6.03  trt1
## 18   4.89  trt1
## 19   4.32  trt1
## 20   4.69  trt1
## 21   6.31  trt2
## 22   5.12  trt2
## 23   5.54  trt2
## 24   5.50  trt2
## 25   5.37  trt2
## 26   5.29  trt2
## 27   4.92  trt2
## 28   6.15  trt2
## 29   5.80  trt2
```

```
## 30   5.26  trt2
my_data<- split(PlantGrowth [,1],PlantGrowth [,2])
my_data
## $ctrl
##  [1] 4.17 5.58 5.18 6.11 4.50 4.61 5.17 4.53 5.33 5.14
##
## $trt1
##  [1] 4.81 4.17 4.41 3.59 5.87 3.83 6.03 4.89 4.32 4.69
##
## $trt2
##  [1] 6.31 5.12 5.54 5.50 5.37 5.29 4.92 6.15 5.80 5.26
my_data1<-as.data.frame(my_data)#将列表 my_data 转换为宽格式数据框
my_data1
##    ctrl trt1 trt2
## 1  4.17 4.81 6.31
## 2  5.58 4.17 5.12
## 3  5.18 4.41 5.54
## 4  6.11 3.59 5.50
## 5  4.50 5.87 5.37
## 6  4.61 3.83 5.29
## 7  5.17 6.03 4.92
## 8  4.53 4.89 6.15
## 9  5.33 4.32 5.80
## 10 5.14 4.69 5.26
```

2. 宽格式转换长格式

```
library(tidyr)
gdata=gather(my_data1,key = "group",value = "weight",ctrl,trt1,trt2)
gdata
##    group weight
## 1   ctrl   4.17
## 2   ctrl   5.58
## 3   ctrl   5.18
## 4   ctrl   6.11
## 5   ctrl   4.50
## 6   ctrl   4.61
## 7   ctrl   5.17
## 8   ctrl   4.53
## 9   ctrl   5.33
```

```
## 10  ctrl  5.14
## 11  trt1  4.81
## 12  trt1  4.17
## 13  trt1  4.41
## 14  trt1  3.59
## 15  trt1  5.87
## 16  trt1  3.83
## 17  trt1  6.03
## 18  trt1  4.89
## 19  trt1  4.32
## 20  trt1  4.69
## 21  trt2  6.31
## 22  trt2  5.12
## 23  trt2  5.54
## 24  trt2  5.50
## 25  trt2  5.37
## 26  trt2  5.29
## 27  trt2  4.92
## 28  trt2  6.15
## 29  trt2  5.80
## 30  trt2  5.26
```

十三、缺失值

在进行任何统计之前,要先查看数据集是否有缺失值,如果有缺失值,需要删除缺失值后再进行统计。以 ISLR 包数据集 Hitters 为例。

```
library(ISLR)# 加载 ISLR 包
sum(is.na(Hitters))# 统计数据集的缺失值数量
##[1] 59
sum(is.na(Hitters$Salary))# 统计数据集中某个变量的缺失值数量
##[1] 59
sum(is.na(Hitters$ Walks))
##[1] 0
Hitters2=na.omit(Hitters)# 删除数据集 Hitters 的缺失值后生成一个新的数据集 Hitters2
```

十四、格式转换

使用 as.matrix、as.data.frame 命令进行格式转换。

第五节 矩 阵

矩阵是一个二维数组,每个元素都拥有相同的模式(数值型、字符型或逻辑型)。可通过函数 matrix()创建矩阵,matrix()函数有三个参数,数值向量、行数、列数。

一、创建矩阵

1. 创建一个 5×4 的矩阵

```
y<-matrix(1：20,nrow=5,ncol=4)
y
##      [,1] [,2] [,3] [,4]
## [1,]    1    6   11   16
## [2,]    2    7   12   17
## [3,]    3    8   13   18
## [4,]    4    9   14   19
## [5,]    5   10   15   20
```

2. 创建一个 2×2 的含行、列名标签的矩阵,并按行进行填充

```
cells <- c(1,26,24,68)
rnames <- c("R1","R2")
cnames <- c("C1","C2")
mymatrix <- matrix(cells,nrow=2,ncol=2,byrow=TRUE,dimnames=list
(rnames,cnames))
mymatrix
##    C1 C2
## R1  1 26
## R2 24 68
```

3. 创建一个 2×2 的矩阵,并按列进行填充

```
mymatrix < -matrix(cells,nrow=2,ncol=2,byrow=FALSE,dimnames=list
(rnames,cnames))
mymatrix
##    C1 C2
## R1  1 24
## R2 26 68
```

4. 创建字符矩阵

```
M = matrix( c('a','a','b','c','b','a'),nrow = 2,ncol = 3,byrow = TRUE)
M
##      [,1] [,2] [,3]
```

```
## [1,] "a"  "a"  "b"
## [2,] "c"  "b"  "a"
```

二、索引矩阵中的元素

使用下标和方括号来选择矩阵中的行、列或元素。X[i,]指矩阵X中的第i行,X[,j]指第j列,X[i,j]指第i行第j个元素。选择多行或多列时下标i和j可为数值型向量。

下标为负数时,例如,X[-1,] 表示去掉第一行;X[,-2]表示去掉第2列。

```
x <- matrix(1:10,nrow=2)
x
##      [,1] [,2] [,3] [,4] [,5]
## [1,]    1    3    5    7    9
## [2,]    2    4    6    8   10
x[2,]
## [1]  2  4  6  8 10
x[,2]
## [1] 3 4
x[1,4]
## [1] 7
x[1,c(4,5)]
## [1] 7 9
```

首先,创建一个内容为数字1到10的2×5矩阵。默认情况下,矩阵按列填充。然后,分别选择第2行和第2列的元素。接着,又选择了第1行第4列的元素。最后选择了位于第1行第4、第5列的元素。

三、转换为矩阵

使用as.matrix()函数。

```
x <- 1:5
as.matrix(x)
##      [,1]
## [1,]    1
## [2,]    2
## [3,]    3
## [4,]    4
## [5,]    5
```

四、转置矩阵

```
x<-matrix(c(1,2,3,4),2,2)
x
```

```
##      [,1] [,2]
## [1,]    1    3
## [2,]    2    4
t(x)
##      [,1] [,2]
## [1,]    1    2
## [2,]    3    4
```

第六节　变量重命名与格式转换

1. 变量分类

变量常分为定量和定性两种类型(定性变量也称为分类变量)。定量变量呈现数值性。例如年龄、身高或者收入,房屋的价值以及股票的价格。相反,定性变量取 K 个不同类的其中一个值。定性变量的例子包括一个人的性别(男性或女性),所购买产品的品牌 (A,B,C),一个人是否违约(是或不是),或一个癌症诊断(急性骨髓性白血病、急性淋巴细胞白血病,无白血病)。我们习惯于将响应变量为定量的问题称为回归分析问题,而将具有定性响应变量的问题定义为分类问题。

可以使用 as.factor()函数将一个定量的变量转换成一个定性的变量。

```
cylinders=as.factor(cylinders)
```

2. 变量重命名(以数据框 Auto 为例)

(1)使用数据编辑器

```
edit(Auto)
```

(2)names()函数

names()函数可以显示 dataframe 的变量名,也可以通过赋值进行修改,下述代码将数据集 Auto 的第一列变量名字改为 new_name:

```
names(Auto)[1]<-"new_name"
```

3. 变量类型判断与转换

类型	判断	转换
数值型	is.numeric	as.numeric
字符型	is.character	as.character
向量	is.vector	as.vector
矩阵	is.matrix	as.matrix
数据框	is.data.frame	as.data.frame
逻辑型	is.logical	as.logical

例如:

```
x<-c(1,2,3,4)
```

```
is.vector(x)
## [1] TRUE
x<-c("1","2","3","4") #数字加引号就成为字符型数值了
as.numeric(x)
## [1] 1 2 3 4
```

第七节 R绘图颜色

一、在 R 中指定颜色最简单的方法是直接写出颜色的名称

例如:col="red"。R 一共有 657 种颜色可用。

```
colors()
##  [1] "white"            "aliceblue"        "antiquewhite"
##  [4] "antiquewhite1"    "antiquewhite2"    "antiquewhite3"
##  [7] "antiquewhite4"    "aquamarine"       "aquamarine1"
##  [10]"aquamarine2"      "aquamarine3"      "aquamarine4"
##  [13]"azure"            "azure1"           "azure2"
##  [16]"azure3"           "azure4"           "beige"
##  [19]"bisque"           "bisque1"          "bisque2"
##  [22]"bisque3"          "bisque4"          "black"
##  [25]"blanchedalmond"   "blue"             "blue1"
##  [28]"blue2"            "blue3"            "blue4"
##  [31]"blueviolet"       "brown"            "brown1"
##  [34]"brown2"           "brown3"           "brown4"
##  [37]"burlywood"        "burlywood1"       "burlywood2"
##  [40]"burlywood3"       "burlywood4"       "cadetblue"
##  [43]"cadetblue1"       "cadetblue2"       "cadetblue3"
##  [46]"cadetblue4"       "chartreuse"       "chartreuse1"
##  [49]"chartreuse2"      "chartreuse3"      "chartreuse4"
##  [52]"chocolate"        "chocolate1"       "chocolate2"
##  [55]"chocolate3"       "chocolate4"       "coral"
##  [58]"coral1"           "coral2"           "coral3"
##  [61]"coral4"           "cornflowerblue"   "cornsilk"
##  [64]"cornsilk1"        "cornsilk2"        "cornsilk3"
##  [67]"cornsilk4"        "cyan"             "cyan1"
##  [70]"cyan2"            "cyan3"            "cyan4"
```

```
## [73]"darkblue"          "darkcyan"          "darkgoldenrod"
## [76]"darkgoldenrod1"    "darkgoldenrod2"    "darkgoldenrod3"
## [79]"darkgoldenrod4"    "darkgray"          "darkgreen"
## [82]"darkgrey"          "darkkhaki"         "darkmagenta"
## [85]"darkolivegreen"    "darkolivegreen1"   "darkolivegreen2"
## [88]"darkolivegreen3"   "darkolivegreen4"   "darkorange"
## [91]"darkorange1"       "darkorange2"       "darkorange3"
## [94]"darkorange4"       "darkorchid"        "darkorchid1"
## [97]"darkorchid2"       "darkorchid3"       "darkorchid4"
## [100]"darkred"          "darksalmon"        "darkseagreen"
## [103]"darkseagreen1"    "darkseagreen2"     "darkseagreen3"
## [106]"darkseagreen4"    "darkslateblue"     "darkslategray"
## [109]"darkslategray1"   "darkslategray2"    "darkslategray3"
## [112]"darkslategray4"   "darkslategrey"     "darkturquoise"
## [115]"darkviolet"       "deeppink"          "deeppink1"
## [118]"deeppink2"        "deeppink3"         "deeppink4"
## [121]"deepskyblue"      "deepskyblue1"      "deepskyblue2"
## [124]"deepskyblue3"     "deepskyblue4"      "dimgray"
## [127]"dimgrey"          "dodgerblue"        "dodgerblue1"
## [130]"dodgerblue2"      "dodgerblue3"       "dodgerblue4"
## [133]"firebrick"        "firebrick1"        "firebrick2"
## [136]"firebrick3"       "firebrick4"        "floralwhite"
## [139]"forestgreen"      "gainsboro"         "ghostwhite"
## [142]"gold"             "gold1"             "gold2"
## [145]"gold3"            "gold4"             "goldenrod"
## [148]"goldenrod1"       "goldenrod2"        "goldenrod3"
## [151]"goldenrod4"       "gray"              "gray0"
## [154]"gray1"            "gray2"             "gray3"
## [157]"gray4"            "gray5"             "gray6"
## [160]"gray7"            "gray8"             "gray9"
## [163]"gray10"           "gray11"            "gray12"
## [166]"gray13"           "gray14"            "gray15"
## [169]"gray16"           "gray17"            "gray18"
## [172]"gray19"           "gray20"            "gray21"
## [175]"gray22"           "gray23"            "gray24"
## [178]"gray25"           "gray26"            "gray27"
## [181]"gray28"           "gray29"            "gray30"
## [184]"gray31"           "gray32"            "gray33"
```

```
## [187]"gray34"       "gray35"      "gray36"
## [190]"gray37"       "gray38"      "gray39"
## [193]"gray40"       "gray41"      "gray42"
## [196]"gray43"       "gray44"      "gray45"
## [199]"gray46"       "gray47"      "gray48"
## [202]"gray49"       "gray50"      "gray51"
## [205]"gray52"       "gray53"      "gray54"
## [208]"gray55"       "gray56"      "gray57"
## [211]"gray58"       "gray59"      "gray60"
## [214]"gray61"       "gray62"      "gray63"
## [217]"gray64"       "gray65"      "gray66"
## [220]"gray67"       "gray68"      "gray69"
## [223]"gray70"       "gray71"      "gray72"
## [226]"gray73"       "gray74"      "gray75"
## [229]"gray76"       "gray77"      "gray78"
## [232]"gray79"       "gray80"      "gray81"
## [235]"gray82"       "gray83"      "gray84"
## [238]"gray85"       "gray86"      "gray87"
## [241]"gray88"       "gray89"      "gray90"
## [244]"gray91"       "gray92"      "gray93"
## [247]"gray94"       "gray95"      "gray96"
## [250]"gray97"       "gray98"      "gray99"
## [253]"gray100"      "green"       "green1"
## [256]"green2"       "green3"      "green4"
## [259]"greenyellow"  "grey"        "grey0"
## [262]"grey1"        "grey2"       "grey3"
## [265]"grey4"        "grey5"       "grey6"
## [268]"grey7"        "grey8"       "grey9"
## [271]"grey10"       "grey11"      "grey12"
## [274]"grey13"       "grey14"      "grey15"
## [277]"grey16"       "grey17"      "grey18"
## [280]"grey19"       "grey20"      "grey21"
## [283]"grey22"       "grey23"      "grey24"
## [286]"grey25"       "grey26"      "grey27"
## [289]"grey28"       "grey29"      "grey30"
## [292]"grey31"       "grey32"      "grey33"
## [295]"grey34"       "grey35"      "grey36"
## [298]"grey37"       "grey38"      "grey39"
```

```
## [301]"grey40"           "grey41"           "grey42"
## [304]"grey43"           "grey44"           "grey45"
## [307]"grey46"           "grey47"           "grey48"
## [310]"grey49"           "grey50"           "grey51"
## [313]"grey52"           "grey53"           "grey54"
## [316]"grey55"           "grey56"           "grey57"
## [319]"grey58"           "grey59"           "grey60"
## [322]"grey61"           "grey62"           "grey63"
## [325]"grey64"           "grey65"           "grey66"
## [328]"grey67"           "grey68"           "grey69"
## [331]"grey70"           "grey71"           "grey72"
## [334]"grey73"           "grey74"           "grey75"
## [337]"grey76"           "grey77"           "grey78"
## [340]"grey79"           "grey80"           "grey81"
## [343]"grey82"           "grey83"           "grey84"
## [346]"grey85"           "grey86"           "grey87"
## [349]"grey88"           "grey89"           "grey90"
## [352]"grey91"           "grey92"           "grey93"
## [355]"grey94"           "grey95"           "grey96"
## [358]"grey97"           "grey98"           "grey99"
## [361]"grey100"          "honeydew"         "honeydew1"
## [364]"honeydew2"        "honeydew3"        "honeydew4"
## [367]"hotpink"          "hotpink1"         "hotpink2"
## [370]"hotpink3"         "hotpink4"         "indianred"
## [373]"indianred1"       "indianred2"       "indianred3"
## [376]"indianred4"       "ivory"            "ivory1"
## [379]"ivory2"           "ivory3"           "ivory4"
## [382]"khaki"            "khaki1"           "khaki2"
## [385]"khaki3"           "khaki4"           "lavender"
## [388]"lavenderblush"    "lavenderblush1"   "lavenderblush2"
## [391]"lavenderblush3"   "lavenderblush4"   "lawngreen"
## [394]"lemonchiffon"     "lemonchiffon1"    "lemonchiffon2"
## [397]"lemonchiffon3"    "lemonchiffon4"    "lightblue"
## [400]"lightblue1"       "lightblue2"       "lightblue3"
## [403]"lightblue4"       "lightcoral"       "lightcyan"
## [406] "lightcyan1"      "lightcyan2"       "lightcyan3"
## [409] "lightcyan4"      "lightgoldenrod"   "lightgoldenrod1"
## [412] "lightgoldenrod2" "lightgoldenrod3"  "lightgoldenrod4"
```

```
## [415] "lightgoldenrodyellow" "lightgray"            "lightgreen"
## [418] "lightgrey"            "lightpink"            "lightpink1"
## [421] "lightpink2"           "lightpink3"           "lightpink4"
## [424] "lightsalmon"          "lightsalmon1"         "lightsalmon2"
## [427] "lightsalmon3"         "lightsalmon4"         "lightseagreen"
## [430] "lightskyblue"         "lightskyblue1"        "lightskyblue2"
## [433] "lightskyblue3"        "lightskyblue4"        "lightslateblue"
## [436] "lightslategray"       "lightslategrey"       "lightsteelblue"
## [439] "lightsteelblue1"      "lightsteelblue2"      "lightsteelblue3"
## [442] "lightsteelblue4"      "lightyellow"          "lightyellow1"
## [445] "lightyellow2"         "lightyellow3"         "lightyellow4"
## [448] "limegreen"            "linen"                "magenta"
## [451] "magenta1"             "magenta2"             "magenta3"
## [454] "magenta4"             "maroon"               "maroon1"
## [457] "maroon2"              "maroon3"              "maroon4"
## [460] "mediumaquamarine"     "mediumblue"           "mediumorchid"
## [463] "mediumorchid1"        "mediumorchid2"        "mediumorchid3"
## [466] "mediumorchid4"        "mediumpurple"         "mediumpurple1"
## [469] "mediumpurple2"        "mediumpurple3"        "mediumpurple4"
## [472] "mediumseagreen"       "mediumslateblue"      "mediumspringgreen"
## [475] "mediumturquoise"      "mediumvioletred"      "midnightblue"
## [478] "mintcream"            "mistyrose"            "mistyrose1"
## [481] "mistyrose2"           "mistyrose3"           "mistyrose4"
## [484] "moccasin"             "navajowhite"          "navajowhite1"
## [487] "navajowhite2"         "navajowhite3"         "navajowhite4"
## [490] "navy"                 "navyblue"             "oldlace"
## [493] "olivedrab"            "olivedrab1"           "olivedrab2"
## [496] "olivedrab3"           "olivedrab4"           "orange"
## [499] "orange1"              "orange2"              "orange3"
## [502] "orange4"              "orangered"            "orangered1"
## [505] "orangered2"           "orangered3"           "orangered4"
## [508] "orchid"               "orchid1"              "orchid2"
## [511] "orchid3"              "orchid4"              "palegoldenrod"
## [514] "palegreen"            "palegreen1"           "palegreen2"
## [517] "palegreen3"           "palegreen4"           "paleturquoise"
## [520] "paleturquoise1"       "paleturquoise2"       "paleturquoise3"
## [523] "paleturquoise4"       "palevioletred"        "palevioletred1"
## [526] "palevioletred2"       "palevioletred3"       "palevioletred4"
```

```
## [529] "papayawhip"      "peachpuff"       "peachpuff1"
## [532] "peachpuff2"      "peachpuff3"      "peachpuff4"
## [535] "peru"            "pink"            "pink1"
## [538] "pink2"           "pink3"           "pink4"
## [541] "plum"            "plum1"           "plum2"
## [544] "plum3"           "plum4"           "powderblue"
## [547] "purple"          "purple1"         "purple2"
## [550] "purple3"         "purple4"         "red"
## [553] "red1"            "red2"            "red3"
## [556] "red4"            "rosybrown"       "rosybrown1"
## [559] "rosybrown2"      "rosybrown3"      "rosybrown4"
## [562] "royalblue"       "royalblue1"      "royalblue2"
## [565] "royalblue3"      "royalblue4"      "saddlebrown"
## [568] "salmon"          "salmon1"         "salmon2"
## [571] "salmon3"         "salmon4"         "sandybrown"
## [574] "seagreen"        "seagreen1"       "seagreen2"
## [577] "seagreen3"       "seagreen4"       "seashell"
## [580] "seashell1"       "seashell2"       "seashell3"
## [583] "seashell4"       "sienna"          "sienna1"
## [586] "sienna2"         "sienna3"         "sienna4"
## [589] "skyblue"         "skyblue1"        "skyblue2"
## [592] "skyblue3"        "skyblue4"        "slateblue"
## [595] "slateblue1"      "slateblue2"      "slateblue3"
## [598] "slateblue4"      "slategray"       "slategray1"
## [601] "slategray2"      "slategray3"      "slategray4"
## [604] "slategrey"       "snow"            "snow1"
## [607] "snow2"           "snow3"           "snow4"
## [610] "springgreen"     "springgreen1"    "springgreen2"
## [613] "springgreen3"    "springgreen4"    "steelblue"
## [616] "steelblue1"      "steelblue2"      "steelblue3"
## [619] "steelblue4"      "tan"             "tan1"
## [622] "tan2"            "tan3"            "tan4"
## [625] "thistle"         "thistle1"        "thistle2"
## [628] "thistle3"        "thistle4"        "tomato"
## [631] "tomato1"         "tomato2"         "tomato3"
## [634] "tomato4"         "turquoise"       "turquoise1"
## [637] "turquoise2"      "turquoise3"      "turquoise4"
## [640] "violet"          "violetred"       "violetred1"
```

```
## [643] "violetred2"              "violetred3"              "violetred4"
## [646] "wheat"                   "wheat1"                  "wheat2"
## [649] "wheat3"                  "wheat4"                  "whitesmoke"
## [652] "yellow"                  "yellow1"                 "yellow2"
## [655] "yellow3"                 "yellow4"                 "yellowgreen"
```

二、十六进制颜色值

```
rainbow(10)
##[1]"#FF0000FF""#FF9900FF""#CCFF00FF""#33FF00FF""#00FF66FF" "#00FFFFFF"
##[7] "#0066FFFF" "#3300FFFF" "#CC00FFFF" "#FF0099FF"
barplot(rep(1,10),col=rainbow(10))
library(RColorBrewer);n<-7;mycolors<-brewer.pal(n,"Set1");barplot(rep(1,n),
col=mycolors);mycolors
##[1]"#E41A1C""#377EB8" "#4DAF4A" "#984EA3" "#FF7F00" "#FFFF33" "#A65628"
```

三、多阶灰度

多阶灰度色可使用基础安装所自带的 gray()函数生成。这时要通过一个元素值为 0 和 1 之间的向量来指定各颜色的灰度,gray(0：10/10)将生成 10 阶灰度色(图 1-1)。

```
gray(0：10/10)
##[1]"#000000""#1A1A1A" "#333333" "#4D4D4D" "#666666" "#808080" "#999999"
## [8] "#B3B3B3" "#CCCCCC" "#E6E6E6" "#FFFFFF"
n <- 10;mycolors <- rainbow(n)
pie(rep(1,n),labels=mycolors,col=mycolors)
mygrays <- gray(0：n/n)
pie(rep(1,n),labels=mygrays,col=mygrays)
```

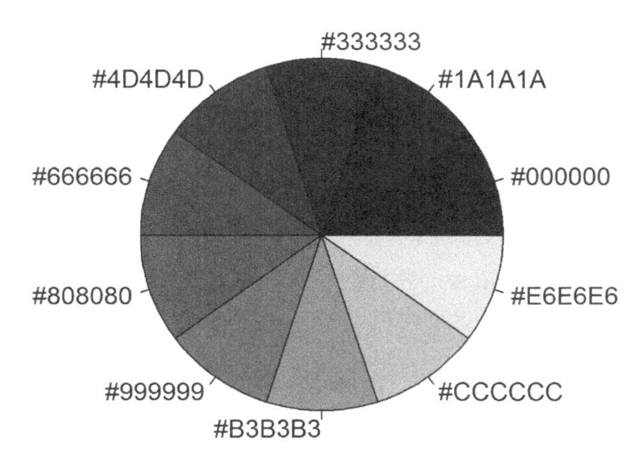

图 1-1 十阶灰度色

第八节 R 实例

1. 实例一

该实例与文件名为 College.csv 的数据集相关。其中包含了美国 777 所大学和专科院校的数据。这些变量如下所示：

Private：公立校 / 私立校指示变量

AppS：收到的申请数

Accept：申请获批数

Enroll：新生注册数

Top10perc：排名前 10% 的高中班毕业的新生数

Top25perc：排名前 25% 的高中班毕业的新生数

F.Undergrad：全日制学生数

P.Undergrad：走读制学生数

Outstate：非本州学生学费

Roorn.Board：住宿车船费

Books：图书费估计值

Personal：个人消费估计值

PhD：具有博士学位教师比例

Terminal：具有本学科最高学位教师比例

S. F.Ratio：师生比

perc. alurnni：捐赠校友比例

Expend:人均教育支出

Grad. Rate：毕业率

(a) 用 read.csv()函数将该数据读进 R,将载入的数据命名为 college,确保目录设置为该数据在计算机的正确位置。

(b) 用 fix ()函数观察数据。注意到第一列为每所大学的名字,并不是要 R 也将这些变量名视为数据。这些变量名称主要是为以后分析方便所设立的。尝试下面的命令：

```
rownames (college) =college [,1]
fix(college)
```

可以观察到有一个 row.narnes 列记录了每一所大学。这就意味着 R 已经为每行每所大学分配了一个名字。R 不会试图在行名称上执行计算。分析数据时需要剔除第 1 列。

```
college=college[,-1]
fix(college)
```

现在可以看到这个数据的第 1 列是 Private 。注意到另外有一个列也同时被载入,名称为 row.narnes,出现在 Private 列前。它不是一个数据列而是 R 给每个行的名字。

(c) i. 在该数据集中使用 summary ()函数对这些变量给出一个汇总统计信息。

ii. 用 pairs ()函数对前 10 列或变量产生一个散点图矩阵。回想一下,可以用A [, 1∶10] 提取矩阵 A 的前 10 列。

iii. 用 plot ()函数产生 Outstate 对 Private 变量的沿边箱线图。

iv. 创建一个新的定性变量，名为 Elite，合并 Top10perc 变量。根据是否有超过 50% 以上的学生来自排名在前 10% 顶尖高中的情况将大学分成两组。

```
Elite=rep("No",nrow(college))
Elite [college$Top10perc >50] ="Yes"
Elite=as.factor(Elite)
college =data.frame (college,Elite)
```

用 summary ( )函数了解其中有多少个精英大学。用 plot ()函数产生 Outstate 对 Elite 的沿边箱线图。

v. 用 hist ()函数对其中的定量变量尝试不同的组数制作直方图。

可以用命令 par(mfrow=c(2,2))：该命令将打印窗口分成四个矩形区域,以便连续在一个图形窗口上绘制四个图形。修改函数的参数将改变屏幕的划分方式。

vi. 继续探索数据,对所观察到的发现做简要汇总。

【解答】

(a)

```
college=read.csv("D:/College.csv",header=T)
```

注释

①college=read.csv ("D:/College.csv",header=T)# 读取 D 盘根目录下文件名为 college.csv 的数据集,并命名为 college。

②dim(college)# 显示数据集 college 观测(行)和变量(列)个数。

##[1] 777 19

③sum(is.na(college))# 统计数据集 college 缺失值个数

##[1] 0

(b)

```
fix(college)
rownames(college) = college[,1]
college = college[,-1]
fix(college)
```

注释

①rownames(college) = college[,1]# 添加一个列标题为“rownames”的列作为行标题,“rownames”列内容取自数据集 college 第一列。R 不会在行标题上执行计算。

②college = college[,-1]# 剔除数据集 college 第 1 列,然后命名为 college。

(c) i.

```
college=read.csv("D:/College.csv",header=T)
summary(college)

##       X                  Private                 Apps           Accept
##  Length:777         Length:777          Min.   :   81   Min.   :   72
##  Class :character   Class :character    1st Qu.:  776   1st Qu.:  604
##  Mode  :character   Mode  :character    Median : 1558   Median : 1110
##                                         Mean   : 3002   Mean   : 2019
##                                         3rd Qu.: 3624   3rd Qu.: 2424
##                                         Max.   :48094   Max.   :26330
##      Enroll         Top10perc        Top25perc       F.Undergrad
##  Min.   :  35   Min.   : 1.00   Min.   :  9.0   Min.   :  139
##  1st Qu.: 242   1st Qu.:15.00   1st Qu.: 41.0   1st Qu.:  992
##  Median : 434   Median :23.00   Median : 54.0   Median : 1707
##  Mean   : 780   Mean   :27.56   Mean   : 55.8   Mean   : 3700
##  3rd Qu.: 902   3rd Qu.:35.00   3rd Qu.: 69.0   3rd Qu.: 4005
##  Max.   :6392   Max.   :96.00   Max.   :100.0   Max.   :31643
##   P.Undergrad          Outstate       Room.Board       Books
##  Min.   :    1.0   Min.   : 2340   Min.   :1780   Min.   :  96.0
##  1st Qu.:   95.0   1st Qu.: 7320   1st Qu.:3597   1st Qu.: 470.0
##  Median :  353.0   Median : 9990   Median :4200   Median : 500.0
##  Mean   :  855.3   Mean   :10441   Mean   :4358   Mean   : 549.4
##  3rd Qu.:  967.0   3rd Qu.:12925   3rd Qu.:5050   3rd Qu.: 600.0
```

ii.

college = college[,-1]

pairs(college[,1：10])#college[,1：10],提取矩阵 college 的前 10 列(图 1-2)。

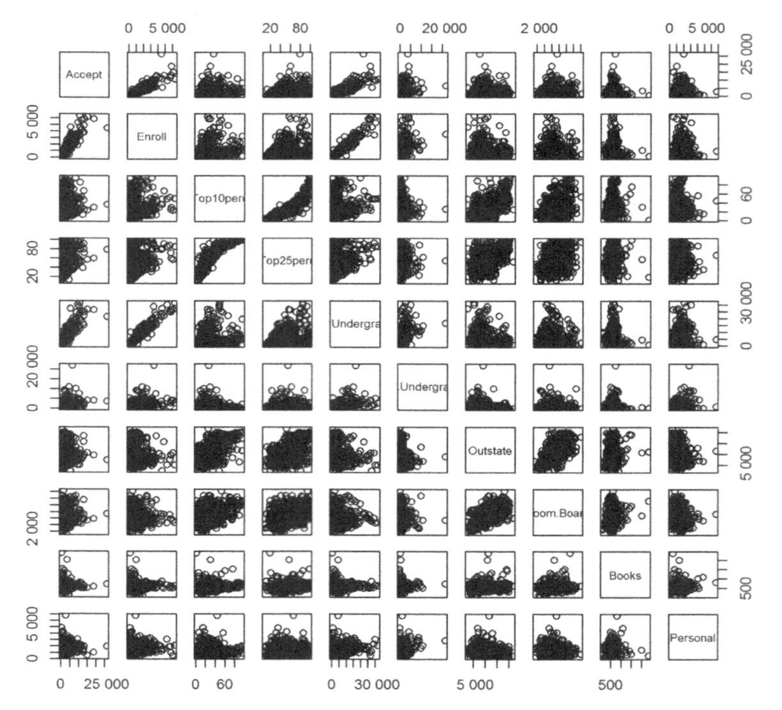

图 1-2　散点图矩阵

iii.箱线图(图 1-3)

```
plot(as.factor(college$Private),college$Outstate)
```

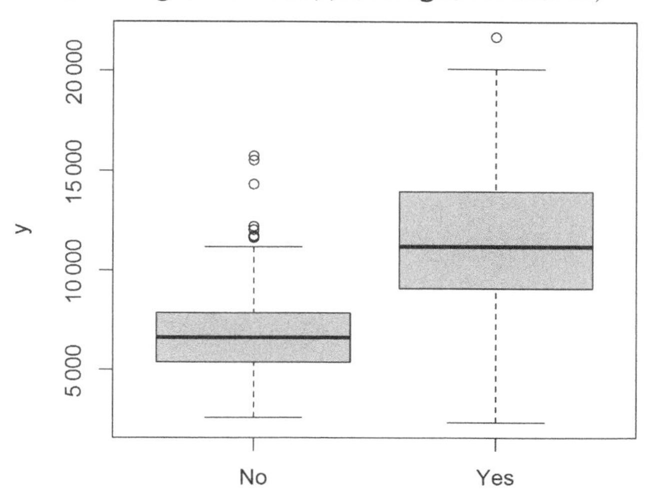

图 1-3 Outstate 对 Private 变量的沿边箱线图

iv.箱线图(图 1-4)

```
Elite = rep("No",nrow(college))
Elite[college$Top10perc>50] = "Yes"
Elite = as.factor(Elite)
college = data.frame(college,Elite)
summary(college$Elite)
No    Yes
699   78
plot(college$Elite,college$Outstate)
```

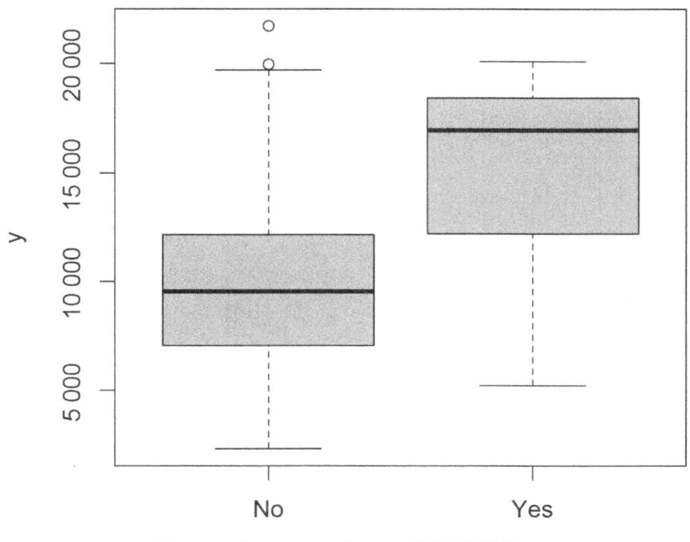

图 1-4 Outstate 对 Elite 的沿边箱线图

注释

plot()函数产生 y 对 x 的沿边箱线图。如果 x 为分类变量,plot(x,y)命令创建的是沿边箱线图;如果 x 为连续变量,plot(x,y)命令创建的是散点图。

v.直方图(图 1-5)

```
par(mfrow=c(2,2))
hist(college$Apps)
hist(college$perc.alumni,col=2)
hist(college$S.F.Ratio,col=3,breaks=10)
hist(college$Expend,breaks=100)
#col=2,条柱颜色为红色,col=3,条柱颜色为绿色,breaks=10,条柱数量大约为 10
```

图 1-6 显示,高学费与高毕业率相关;

图 1-7 显示,录取率低的大学往往 S∶F 比率低;

图 1-8 显示,perc 最高的学生人数最多的大学不一定拥有最高的毕业率。此外,比率 > 100 是错误的。

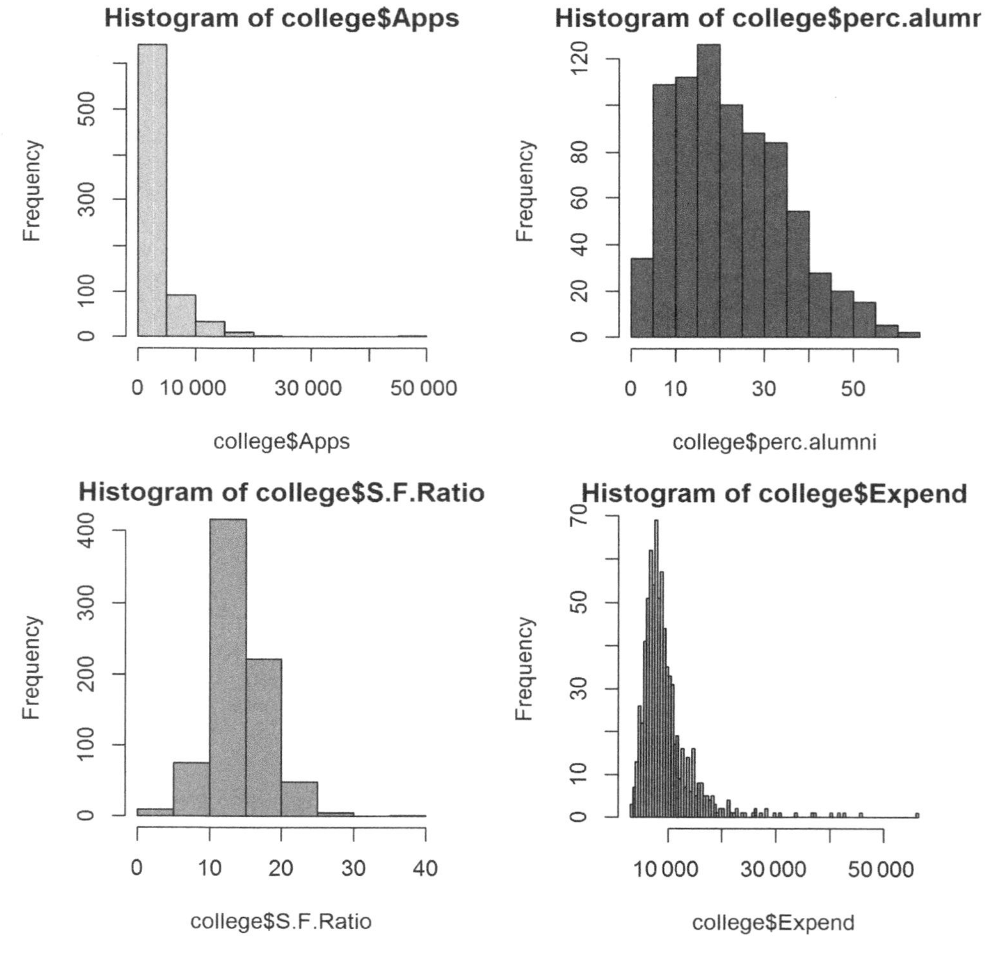

图 1-5　四个定量变量直方图

vi.散点图(图 1-6~图 1-8)

```
plot(college$Outstate,college$Grad.Rate)
```

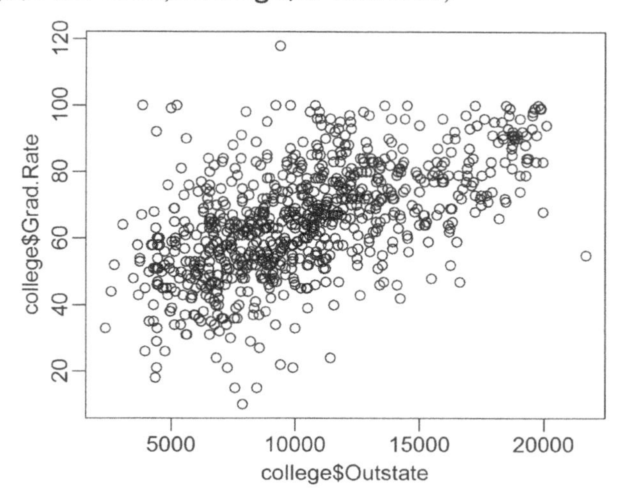

图 1-6 变量 college 和 Outstate 散点图

```
plot(college$Accept / college$Apps,college$S.F.Ratio)
plot(college$Top10perc,college$Grad.Rate)
```

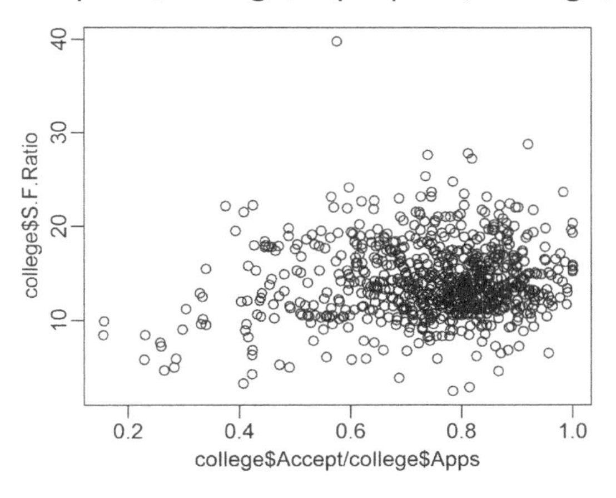

图 1-7 变量 Accept 和 S.F.Ratio 散点图

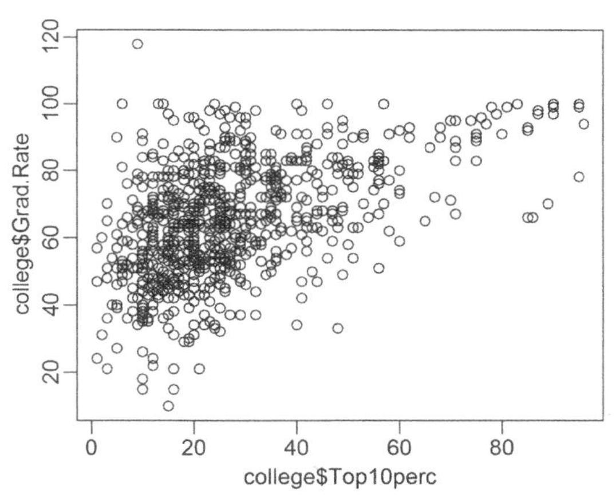

图 1-8 变量 Top10perc 和 Grad.Rate 散点图

2. 实例二

该实验将对 Auto 数据集进行研究。首先确认有缺失数据的行已经从该数据中删除了。

(a) 哪些预测变量是定量的,哪些是定性的?

(b) 每个定量预测变量的取值范围是什么?可以用 range()函数回答。

(c) 每个定量预测变量的均值和方差是多少?

(d) 剔除第 10 个到第 85 个观测。剔除后数据的子集中的每个预测变量的取值范围、均值、标准差是多少?

(e) 用原始数据集，用图形的方式研究预测变量的性质，自选散点图或其他图形工具。创建一些能够直观反映预测变量之间关系的图形,讨论你的发现。

(f) 假设需要一些变量预测 mpg (每英里汽油消耗量)。图中是否提供了一些可用来预测 mpg 的预测变量的线索?

数据集“Auto”的变量

mpg:每加仑英里数

cylinders:4 到 8 之间的气缸数

displacement:发动机排量(立方英寸)

horsepower:发动机马力

weight:车重(磅)

acceleration:从 0 加速到 60 英里 / 小时(秒)的时间

year:型号年(模数 100)

origin:汽车的产地(1.美国,2.欧洲,3.日本)

name: 车辆名称

【解答】

(a)

```
Auto=read.csv("D:/Auto.csv",header=T,na.strings="?")
Auto = na.omit(Auto)
dim(Auto)
##[1] 392   9
# 定量变量: mpg,cylinders,displacement,horsepower,weight,acceleration,year
# 定性变量: name,origin
summary(Auto)
```

```
      mpg         cylinders       displacement     horsepower
 Min.   : 9.00   Min.   :3.000   Min.   : 68.0   Min.   : 46.0
 1st Qu.:17.00   1st Qu.:4.000   1st Qu.:105.0   1st Qu.: 75.0
 Median :22.75   Median :4.000   Median :151.0   Median : 93.5
 Mean   :23.45   Mean   :5.472   Mean   :194.4   Mean   :104.5
 3rd Qu.:29.00   3rd Qu.:8.000   3rd Qu.:275.8   3rd Qu.:126.0
 Max.   :46.60   Max.   :8.000   Max.   :455.0   Max.   :230.0
     weight      acceleration year     origin
 Min.   :1613   Min.   : 8.00   Min.   :70.00   Min.   :1.000
 1st Qu.:2225   1st Qu.:13.78   1st Qu.:73.00   1st Qu.:1.000
 Median :2804   Median :15.50   Median :76.00   Median :1.000
 Mean   :2978   Mean   :15.54   Mean   :75.98   Mean   :1.577
 3rd Qu.:3615   3rd Qu.:17.02   3rd Qu.:79.00   3rd Qu.:2.000
 Max.   :5140   Max.   :24.80   Max.   :82.00   Max.   :3.000
```

(b)

```
Auto=read.csv("D:/Auto.csv",header=T,na.strings="?")
```

```
Auto = na.omit(Auto)
sapply(Auto[,1:7],range)
##mpg cylinders displacement horsepower weight acceleration year
## [1,]  9.0  3    68  46    1613   8.0   70
## [2,] 46.6  8   455 230    5140  24.8   82
```

(c)

```
sapply(Auto[,1:7],mean)
##   mpg     cylinders displacement   horsepowerweight acceleration
##  23.445918    5.471939     194.411990  104.469388  2977.584184 15.541327
##  year
##    75.979592
sapply(Auto[,1:7],sd)
##   mpg     cylinders displacement   horsepowerweight acceleration
##  7.805007     1.705783     104.644004  38.491160   849.402560  2.758864
##  year
##     3.683737
```

①header =TRUE,表示把第一行作为标题。

na.strings="?",表示数据集 Auto.csv 中出现“?”的单元格当做缺失值处理。

②Auto=na.omit(Auto)

删除所有缺失值的记录（即含缺失值的行），此时生成的新数据集自动添加 row.names 行名称列。

③dim(Auto)显示数据集的行和列数。

(d)

```
Auto=read.csv("D:/Auto.csv",header=T,na.strings="?")
Auto = na.omit(Auto)
newAuto=Auto[-(10:85),]# 剔除 10 到 85 列后的数据集命名为 newAuto
sapply(newAuto[,1:7],range)
##mpg cylinders displacement horsepower weight acceleration year
## [1,] 11.0  3    68    46    1649   8.5   70
## [2,] 46.6  8   455   230    4997  24.8   82
sapply(newAuto[,1:7],mean)
##   mpg     cylinders displacement   horsepowerweight acceleration
## 24.404430    5.373418     187.240506  100.721519  2935.971519 15.726899
##  year
##    77.145570
sapply(newAuto[,1:7],sd)
##   mpg     cylinders displacement   horsepowerweight acceleration
## 7.867283   1.654179   99.678367 35.708853   811.300208  2.693721
```

```
##  year
##      3.106217
```

(e)散点图(图 1-9~ 图 1-11)

```
plot(Auto$mpg,Auto$weight)
```

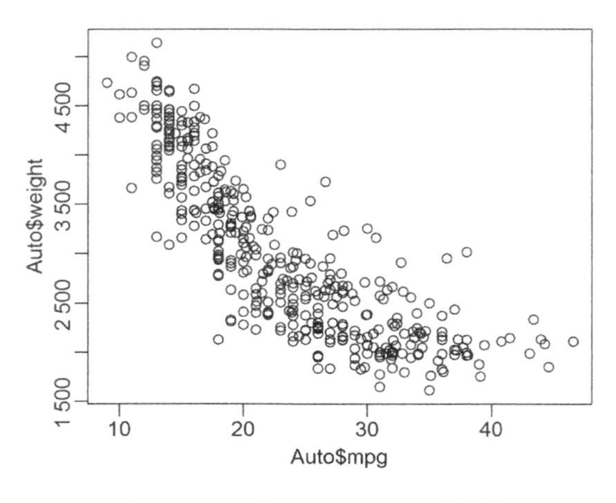

图 1-9　变量 mpg 和weight 散点图

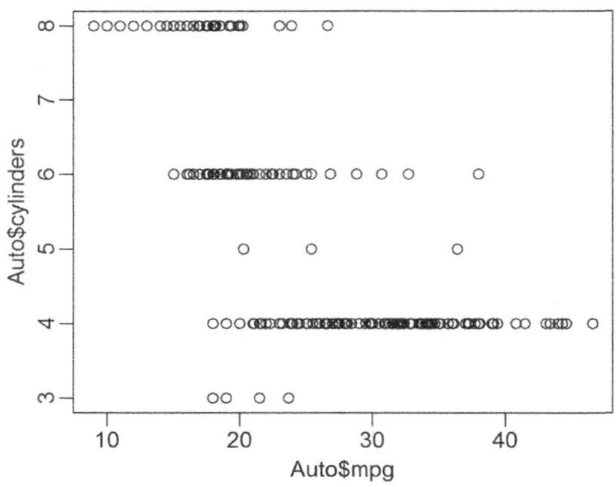

图 1-10　mpg 和 cylinders 散点图

重量与 mpg 负相关。

```
plot(Auto$mpg,Auto$cylinders)
```

气缸数量越多,重量越小。

```
plot(Auto$mpg,Auto$year)
```

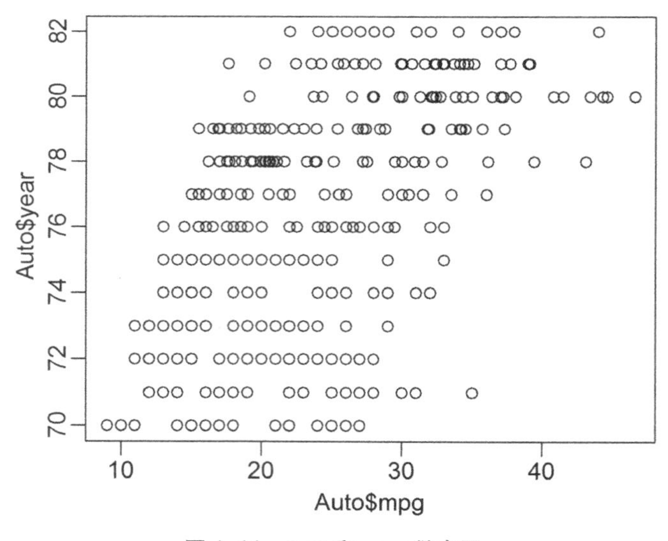

图 1-11　mpg 和 year 散点图

随着时间的推移,汽车的油耗越来越高。

(f)散点图矩阵(图 1-12)

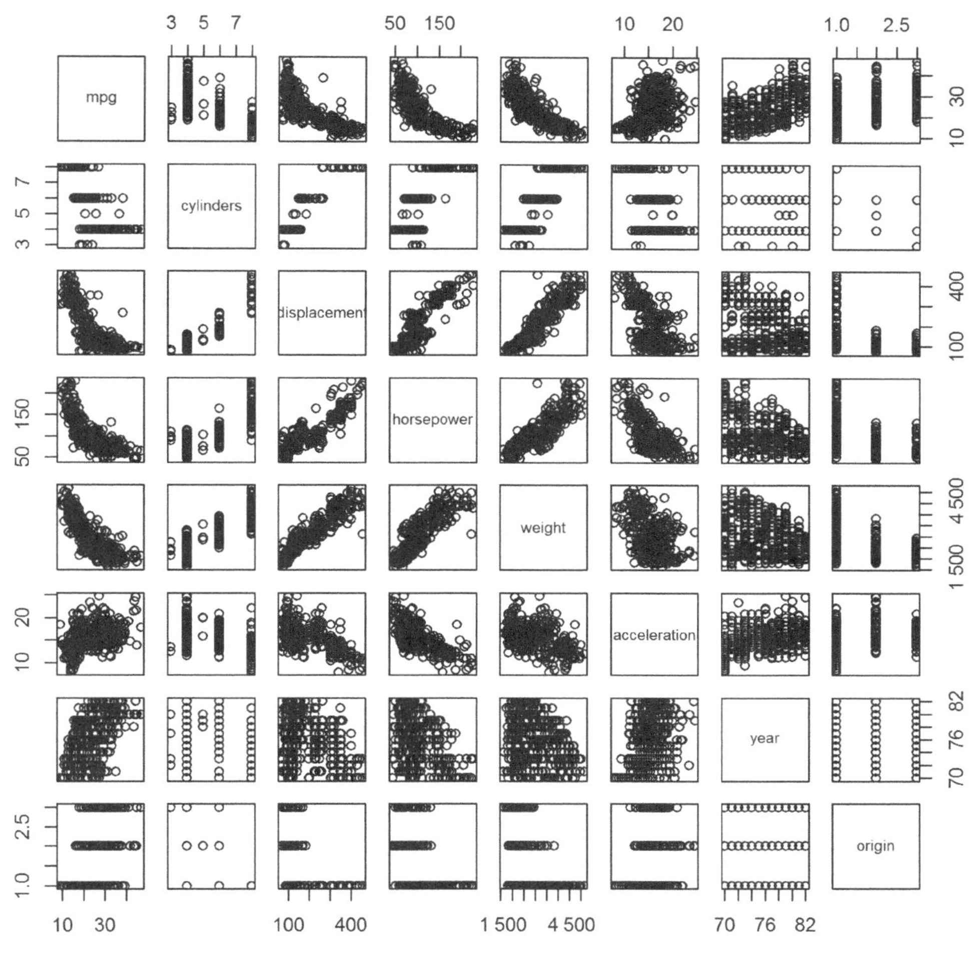

图 1-12 散点图矩阵

```
pairs(Auto)
```

所有的预测变量都与 mpg 相关。可以用 cylinders、orsepower、eight 等预测 mpg。

3. 实例三

本题是关于 Boston 房屋数据集的。

【数据背景】

该数据集共有 506 条波士顿郊区包含多个特征维度的房屋价格数据，每条数据包括对指定房屋的 13 项数值型特征。此外,该数据中没有缺失的属性 / 特征值,更加方便了后续的分析。多个特征维度,其中包含城镇犯罪率,一氧化氮浓度,住宅平均房间数,到中心区域的加权距离等。

CRIM:城镇人均犯罪率。

ZN:住宅用地超过 25 000 sq.ft. 的比例。

INDUS:城镇非零售商用土地的比例。

CHAS:查理斯河虚拟变量(如果河两岸,则为 1;否则为 0)。

NOX:一氧化氮浓度。

RM:住宅房屋间数。

AGE:1940 年之前建成的自用房屋比例。

DIS:到波士顿五个中心区域的加权距离。

RAD:辐射性公路的接近指数。

TAX:每 10 000 美元的全值财产税率。

PTRATIO:生师比例。

B:1 000$(Bk-0.63)^2$,其中 Bk 指代城镇中黑人的比例。

LSTAT:人口中地位低下者的比例。

MEDV:房屋价格。以千美元计。

查尔斯河从波士顿市中心延伸到剑桥市。河流蜿蜒曲折,河面宽阔,两岸排列着哈佛、麻省理工学院和波士顿大学等名校以及摩天大楼,因此俨然成为波士顿的平面地标,风景极佳。

(a) 开始载入 Boston 数据集。Boston 数据集是 MASS 软件包中的一部分。

```
library(MASS)
```

现在这个软件包含有数据对象 Boston

```
Boston
```

读这个数据:

```
?Boston
```

这个数据有多少行?多少列?行和列分别代表什么?

(b) 在该数据集里对预测变量(列)做一些成对的散点图,结合图描述你的发现。

(c) 是否有一些预测变量与人均犯罪比例有关?如果有,请解释这个关系。

(d) 波士顿郊外的犯罪率会特别高吗?税率高吗?师生比高吗?在这个空间范围对每个预测变量进行讨论。

(e) 该数据集里的郊区有多少在查尔斯河岸附近?

(f) 该数据集里城镇生师比的中位数是多少?

【解答】

(a)

```
library(MASS)
dim(Boston)
##[1] 506  14
```

506 个观察,14 个变量

(b)散点图矩阵(图 1-13)

```
pairs(Boston)
```

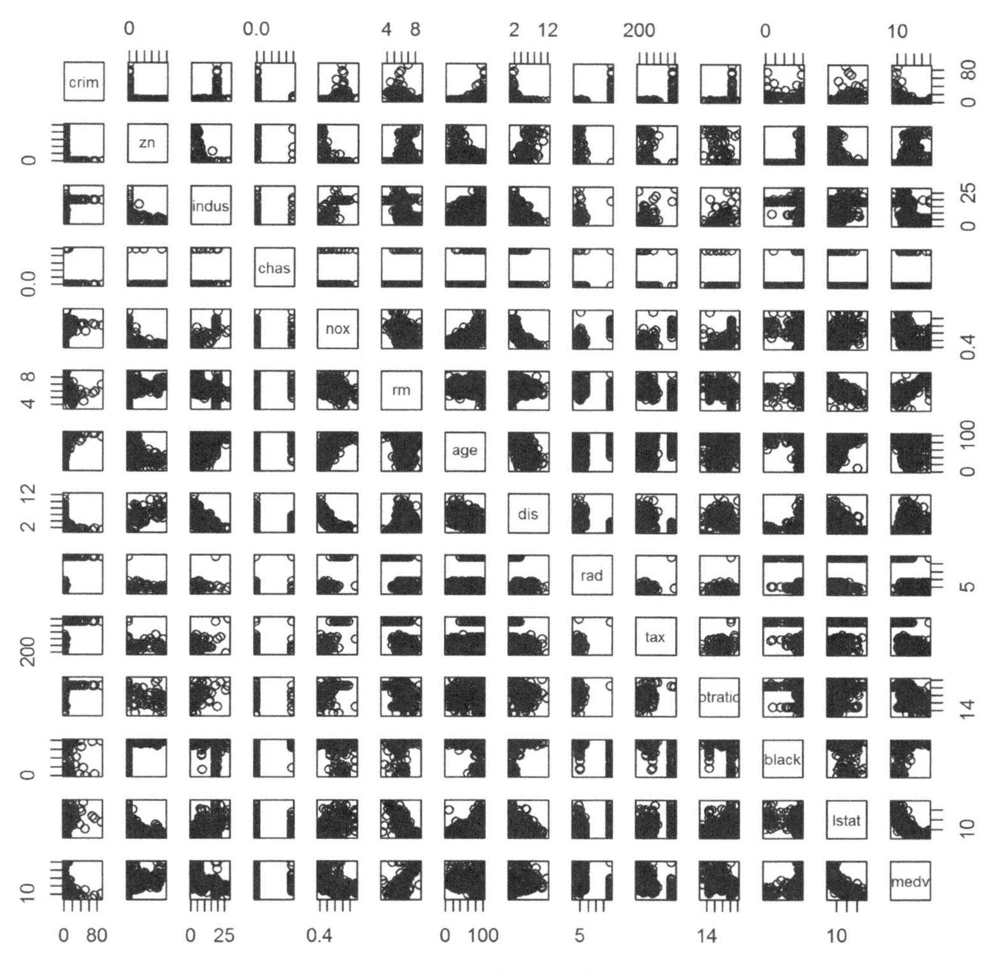

图 1-13 散点矩阵图

从图 1-13 可以看出,crim 和 age,dis,rad,tax,ptratio 相关;zn 和 indus,nox,age,lstat 相关; indus 和 age,dis 相关;nox 和 age,dis 相关;dis 和 lstat 相关;lstat 和 medv 相关。

(c)二元变量散点图(图 1-14)

```
fix(Boston)
par(mfrow=c(3,2))
plot(Boston$age,Boston$crim)
plot(Boston$dis,Boston$crim)
plot(Boston$rad,Boston$crim)
plot(Boston$tax,Boston$crim)
plot(Boston$ptratio,Boston$crim)
```

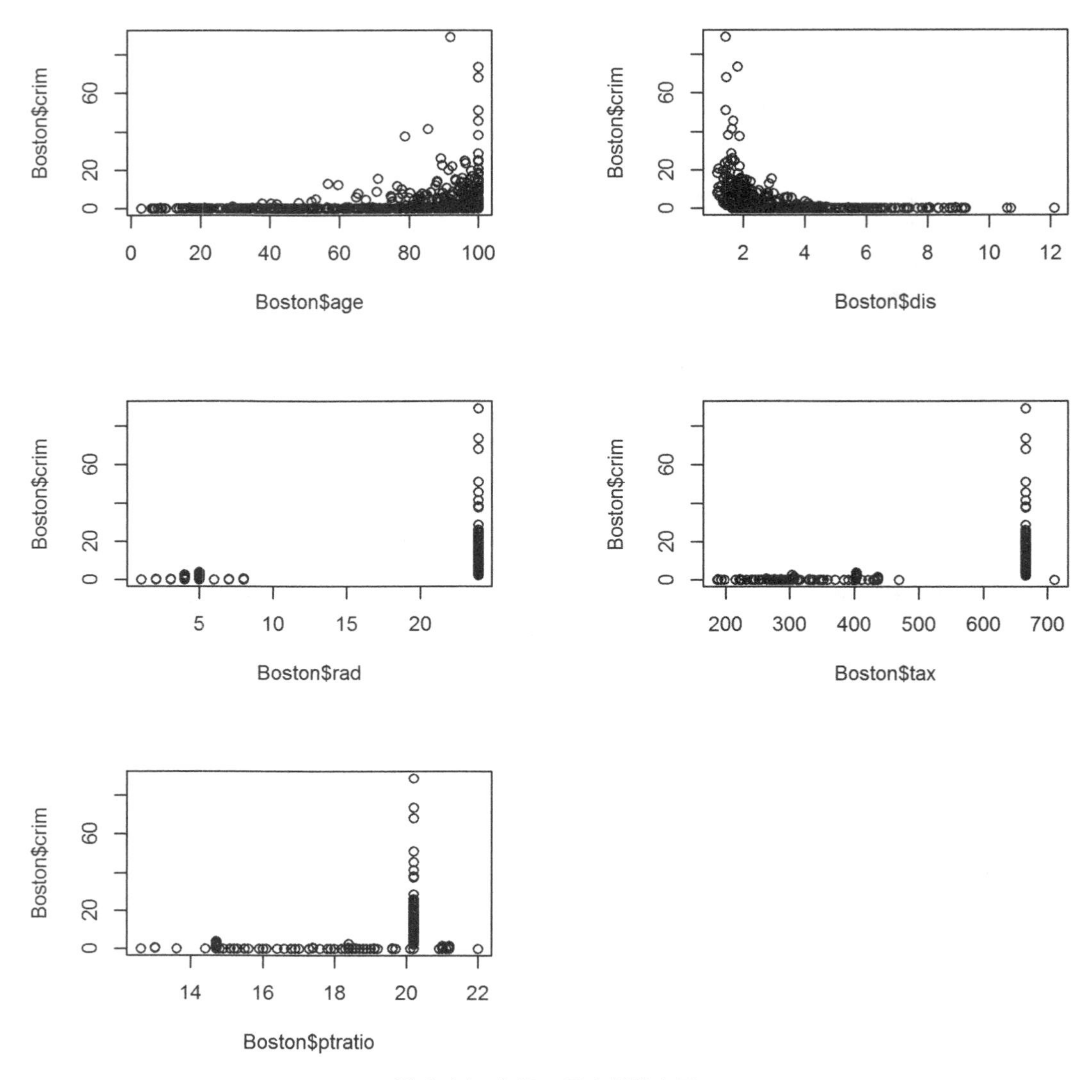

图 1-14 多组二元变量散点图

从图 1-14 可以看出,房子越旧的地方,犯罪率越高;离工作区越近,犯罪越多;公路通达性指数越高犯罪越多;税率越高犯罪越多;更高学生:教师比率,更多犯罪。

(d)直方图(图 1-15~ 图 1-17)

```
hist(Boston$crim,breaks=25)
```

大多数城市的犯罪率很低,数据分布呈现右偏趋势。18 个郊区的犯罪率似乎大于 20,甚至超过 80。

```
hist(Boston$tax,breaks=25)
```

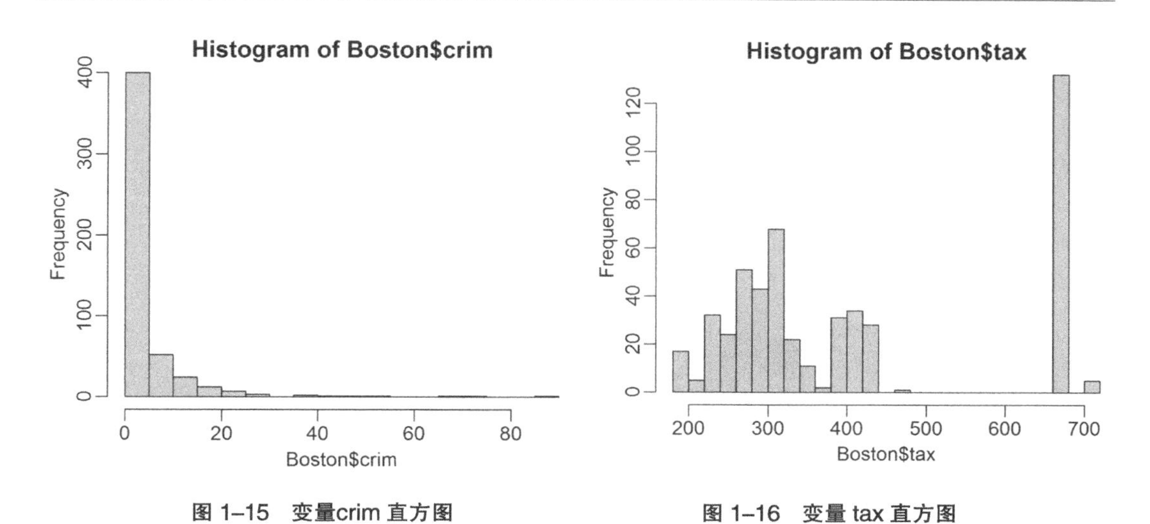

图 1–15　变量crim 直方图　　图 1–16　变量 tax 直方图

低税率的郊区和 660~680 税率之间数据存在断层。

```
hist(Boston$ptratio,breaks=25)
```

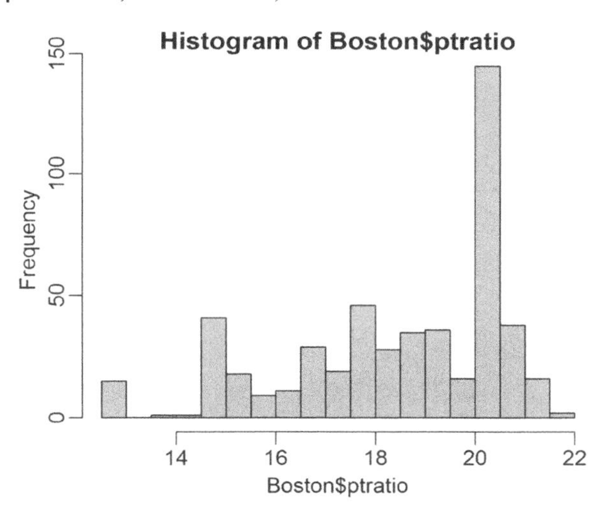

图 1–17　变量ptratio 直方图

(e)

```
dim(subset(Boston,chas == 1))
##[1] 35 14
# 35
```

(f)

```
median(Boston$ptratio)
##[1] 19.05
```

第二章　描述统计学

第一节　数据的计量尺度

数据的计量尺度和具体的统计方法息息相关,大致分为3类,分别是名义测量、次序测量和连续变量测量。这3类测量分别对应3种变量类型,即分类变量,顺序变量和数值变量。连续变量测量可以进一步细分为间距测量和比例测量。

名义测量(nominal measurement)是最低的一种测量等级,也称定名测度。其数值仅代表某些分类或属性。比如,用来表示性别(1或2)和民族(1,2,3…)等。这类变量一般不做高低、大小区分。

次序测量(ordinal measurement)的量化水平高于名义测量,用于测量的数值代表了一些有序分类。比如,用来表示受教育程度高低的数字(1,2,3…)具有一定的顺序性。

间距测量(interval measurement)的量化程度更高一些,它的取值不再是类的编码,而是采用一定单位的实际测量值。可以进行加减运算,但不能进行乘除运算,因为测量等级变量所取的“0”值,不是物理上的绝对“0”。比如,考试成绩的零分,不能说这个学生一点英语能力也没有。

比率测量(ratio measurement)是最高级的测量等级,它除了具有间距测度等级的所有性质外,其0值具有物理上的绝对意义,而且可以进行加减乘除运算。例如增长率、收入等。

间距测量和比率测量这两种测量,统计软件通常不做区分。大部分的模型都适用。

对于分类变量,主要的统计量如下。

频数:每个水平出现的次数;

百分比:每个水平出现的频数除以总数;

累积频次与累积百分比。

对于连续变量,主要的统计量有中心水平、离散程度、偏度和峰度4个方面。分类变量的统计量可以用于连续变量,但反之则不一定成立。

第二节 数值法描述性统计

一、位置的度量

1. 平均数(mean)

平均数提供了连续变量中心位置的度量,由于平均值容易受极端值的影响,适合描述服从正态分布数据的中心位置。

(1)算术平均数

样本平均数

$$\bar{x}=\frac{x_1+x_2+\cdots+x_n}{n}=\frac{\sum_{i=1}^{n}x_i}{n}$$

总体平均数

$$\mu=\frac{x_1+x_2+\cdots+x_N}{N}=\frac{\sum_{i=1}^{N}x_i}{N}$$

N 表示总体观测值的个数, μ 表示总体平均值。

(2)加权平均数

样本加权平均

$$\bar{x}=\frac{x_1f_1+x_2f_2+\cdots+x_kf_k}{f_1+f_2+\cdots+f_k}=\frac{\sum_{i=1}^{k}x_if_i}{n}$$

总体加权平均

$$\mu=\frac{x_1f_1+x_2f_2+\cdots+x_kf_k}{f_1+f_2+\cdots+f_k}=\frac{\sum_{i=1}^{k}x_if_i}{N}$$

式中, f_1 , f_2 ,…… f_k 代表各组频数或数据权重。

例 1 某幼儿园共有儿童 458 名,其中 3 岁至 6 岁儿童的人数分别为 90,130,120,118 名,试在 R 中计算该幼儿园儿童的平均年龄。

```
x <- 3:6
f <- c(90,130,120,118)
weighted.mean(x, w = f)
## [1] 4.580786
```

```
weighted.mean(x, w, ..., na.rm = FALSE)
```

参数 x 为表示数据的向量,w 为对应 x 各分量权重的向量。

例 2 学校算期末成绩,期中考试占 30%,期末考试占 50%,作业占 20%,假如某人期中考试得了 84,期末 92,作业分 91,求该学生成绩的加权平均值。

```
grade <- c(84, 92, 91)
weight <- c(0.3,0.5, 0.2)
weighted.mean(grade, w = weight)
## [1] 89.4
```

(3)几何平均数

适用于计算比率数据的平均,主要用于计算平均增长率。

$$G=\sqrt[n]{x_1\times x_2\times\cdots\times x_n}$$

例 已知某市2010~2014年国内生产总值的增长率(以上1年为1)分别为12 %,8 %,14 %,16 %和13 %,试计算该市5年的平均增长率。

```
x <- c(0.12,0.08,0.14,0.16,0.13)
library(psych)
geometric.mean(x)
## [1] 0.1228266
```

(4)截尾均值(切尾均值)

中位数并非唯一的稳健位置估计量。为了消除离群值的影响,截尾均值也被广泛地使用。除非数据集的规模很小,否则通常我们会将数据集的开头和结尾各舍弃5 %,使数据集免受离群值的影响。

截尾均值可以看作是一种在中位数和均值之间的折中方案。它对数据集中的极值非常稳健,同时在计算位置估计量时使用了更多的数据。

截尾均值是均值的一个变体。计算切尾均值时,需要在一个有序数据集的两端去除一定数量的值,再计算剩余数值的均值。截尾均值消除了极值对均值的影响。

```
mean(salarym,trim=0.05)
```

参数trim的大小可根据情况设定。

(5)调和平均数(harmonic mean)

调和平均数又称倒数平均数,是各变量倒数的算术平均数的倒数。

$$H_n=\frac{1}{\frac{1}{n}\sum_{i=1}^{n}\frac{1}{x_i}}$$

例 有一货车分别以时速20 km和30 km往返于两个城市,问往返这两个城市一次的平均时速为多少?

```
x <- c(20,30)
library(psych)
harmonic.mean(x)
## [1] 24
```

2. 中位数(median)

中位数是对连续变量中心位置的另一种度量。

中位数又称中值,对于有限的数集,通过把所有观察值从小到大排序后,如果观察值有奇数个,找出正中间的一个作为中位数;如果观察值有偶数个,通常取最中间的两个数值的平均数作为中位数。

利用均值描述集中趋势往往基于正态分布，若数据是长尾或是有异常值时，这时用均值就不能正确地描述集中趋势。此时用中位数来描述集中趋势则是稳健的，不易受异常值影响。

3．众数(mode)

众数是出现次数最多的数据。一组数据有时可能没有众数或有几个众数。

例如：23,4,4,5,5,7,8,23,78，其中4和5出现了两次，则4和5都是众数。3个或3个以上的众数，对于描述数据的位置不能起多大作用，一般不报告。

二、变异程度的度量

表2-1 5个常用的离散程度度量指标

离散程度度量指标	定义
异众比率	非众数组的频数占总频数的比例
极差	最大值减最小值
四分位间距	上分位数减下分位数
方差	测量变量取值偏离自身均值的程度
标准差	方差的平方根(和变量原有取值具有同样的量纲)

1．极差(range)

极差＝最大值－最小值，是一种简单的变异程度的度量。

极差仅仅以两个观测值为依据，极易受到异常值的影响，它很少被单独用来度量变异程度。

2．四分位间距(interquartile range)

(1)百分位数(percentiles)

百分位数提供了数据如何散布在最小值与最大值之间分布的信息。对于无大量重复的数据，第P百分位数将它分为两个部分。大约有$P\%$的数据项的值比第P百分位数小；而大约有$(100-P)\%$的数据项的值比第P百分位数大。

第50百分位数同时也是中位数。

$$L_p=(n+1)\frac{P}{100}$$

式中，L_p为百分位数的位置，n为观测值的个数，P为所需的百分位数。

注意：有些数据的L_p计算结果并非整数，这种情况下其对应的百分位数也不是数据集中的某一个数，而是介于数据集中某两个数之间的一个数值。

(2)四分位数(quartiles)

第一四分位数 (Q_1)，又称“较小四分位数”，等于该样本中所有数值由小到大排列后位置排在第25%的数字。

第二四分位数 (Q_2)，又称“中位数”，等于该样本中所有数值由小到大排列后排在第50%的数字。

第三四分位数 (Q_3),又称“较大四分位数”,等于该样本中所有数值由小到大排列后排在第 75% 的数字。

(3)四分位间距

第三四分位数 Q3 与第一四分位数 Q_1 的差值称四分位间距 (interquartile range, IQR),$IQR=Q_3-Q_1$。

四分位间距作为变异程度的一种度量,能够克服异常值的影响。

无论方差、标准偏差,还是平均绝对偏差,它们对离群值和极值都是不稳健的。其中,方差和标准偏差对离群值尤为敏感,因为它们基于偏差的平方值。

3. 方差(variance)

方差是用所有数据对变异程度所做的一种度量。

对于样本而言,平均数的离差记为$(x_i-\bar{x})$;对于总体而言,则记为$(x_i-\mu)$。

如果数据来自总体,则离差平方的平均值称为总体方差。

对于有 N 个观测值的总体,用 μ 表示总体平均数。

$$\sigma^2=\frac{\sum(x_i-\mu)^2}{N}$$

样本方差是总体方差的无偏估计,n 个观测值的样本,用 $\bar{x}$ 表示样本平均数。

$$s^2=\frac{\sum(x_i-\bar{x})^2}{n-1}$$

4. 标准差(standard deviation)

描述正态分布资料的离散趋势时,最适宜选择的指标是标准差。方差的正平方根称为标准差。

总体标准差:

$$\sigma=\sqrt{\frac{\sum_{i=1}^{N}(x_i-\mu)^2}{N}}$$

样本标准差:

$$s=\sqrt{\frac{\sum_{i=1}^{n}(x_i-\bar{x})^2}{n}}$$

标准差和原始数据的单位量纲相同。

5. 变异系数(coefficient of variation)

$$RSD=\frac{标准差}{平均数}\times100\%$$

三、分布形态的度量

1. 偏度(skewness)

偏度也称偏态、偏态系数,是统计数据分布偏斜方向和程度的度量,是统计数据分布对称程度的数字特征。

偏度为负,则数据均值左侧的离散度比右侧强,左偏;分布的平均值 < 中位数 < 众数(图 2-1)。

偏度为正,则数据均值左侧的离散度比右侧弱,右偏;分布的众数 < 中位数 < 平均值(图 2-2)。

偏度为 0,数据分布对称(图 2-3)。

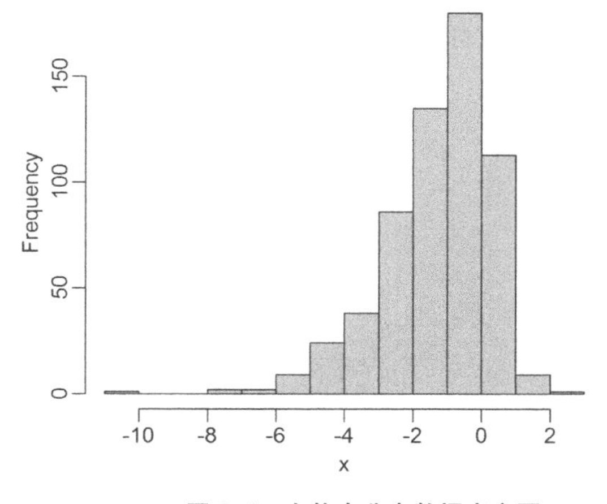

图 2–1 左偏态分布数据直方图

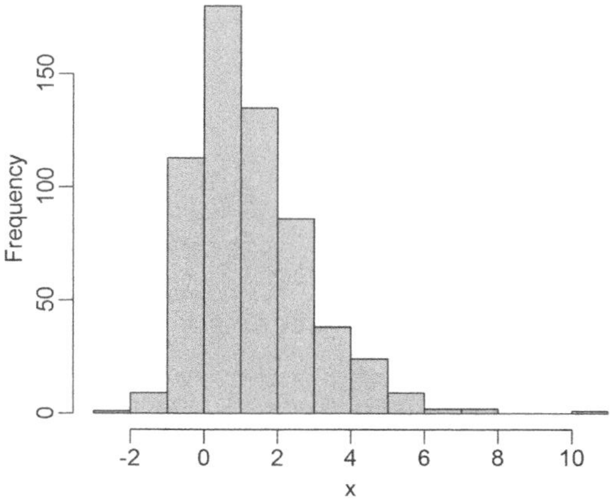

图 2–2 右偏态分布数据直方图

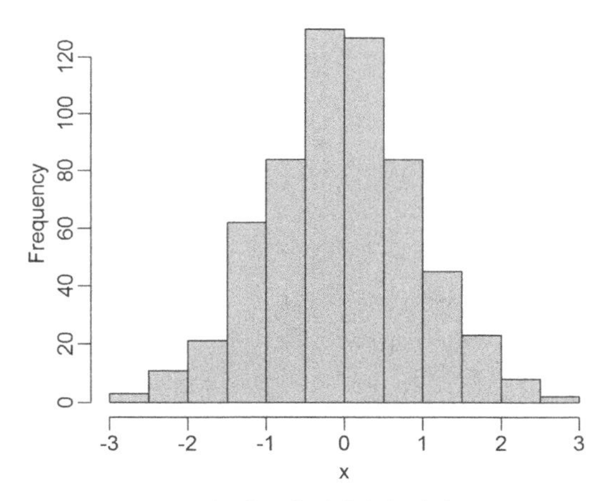

图 2–3 标准正态分布数据直方图

2. 峰度与超峰度

正态分布的峰度为 3,若峰度高于 3,则称为高峰;峰度低于 3,则称为低峰。

超峰度 = 峰度 -3,当超峰度系数 >0 时,从形态上看,它相比于正态分布要更陡峭或尾部更厚;而超峰度系数 <0 时,从形态上看,则它相比于正态分布更平缓或尾部更薄。如果一个分布是厚尾的,这个分布往往比正态分布的尾部具有更大的“质量”,即含又更多的极端值。

3. 计算偏度、峰度

```
library(e1071)
kurtosis(mtcars$mpg)
```

```
## [1] -0.372766
skewness(mtcars$mpg)
## [1] 0.610655
```

第三节　基于 R 的数值法描述性统计

一、descriptr 包

```
library(descriptr)
ds_screener(mtcarz)# 查看数据集 mtcarz 结构
## -----------------------------------------------------------------------
## |  Column Name  |  Data Type  |  Levels   |  Missing  |  Missing (%)  |
## -----------------------------------------------------------------------
## |      mpg      |   numeric   |    NA     |     0     |       0       |
## |      cyl      |   factor    |   4 6 8   |     0     |       0       |
## |     disp      |   numeric   |    NA     |     0     |       0       |
## |      hp       |   numeric   |    NA     |     0     |       0       |
## |     drat      |   numeric   |    NA     |     0     |       0       |
## |      wt       |   numeric   |    NA     |     0     |       0       |
## |     qsec      |   numeric   |    NA     |     0     |       0       |
## |      vs       |   factor    |    0 1    |     0     |       0       |
## |      am       |   factor    |    0 1    |     0     |       0       |
## |     gear      |   factor    |   3 4 5   |     0     |       0       |
## |     carb      |   factor    |1 2 3 4 6 8|     0     |       0       |
## -----------------------------------------------------------------------
##
##  Overall Missing Values           0
##  Percentage of Missing Values     0 %
##  Rows with Missing Values         0
##  Columns With Missing Values      0
ds_summary_stats(mtcarz,mpg)# 单变量 mpg 统计概览
## ----------------------- Variable: mpg -----------------------
##
##                          Univariate Analysis
##
##  N                   32.00     Variance                  36.32
##  Missing              0.00      Std Deviation             6.03
##  Mean                20.09      Range                    23.50
##  Median              19.20      Interquartile Range       7.38
##  Mode                10.40     Uncorrected SS         14042.31
##  Trimmed Mean        19.95      Corrected SS           1126.05
##  Skewness             0.67      Coeff Variation          30.00
```

```
## Kurtosis             -0.02      Std Error Mean         1.07
##
##                          Quantiles
##
##              Quantile                   Value
##
##              Max                        33.90
##              99%                        33.44
##              95%                        31.30
##              90%                        30.09
##              Q3                         22.80
##                Median                   19.20
##                Q1                       15.43
##                10%                      14.34
##                5%                       12.00
##                1%                       10.40
##                Min                      10.40
##
##                       Extreme Values
##
##              Low                    High
##
##    Obs          Value       Obs               Value
##    15           10.4        20                33.9
##    16           10.4        18                32.4
##    24           13.3        19                30.4
##    7            14.3        28                30.4
##    17           14.7        26                27.3
```

单变量统计概览输出结果分为以下三部分。

(1)Univariate Analysis(单变量分析)

N(个数),Missing(缺失值),Mean(均值),Median(中位数),Mode(众数),Trimmed Mean(修正均值),Skewness(偏度),Kurtosis(峰度),Variance(方差),Std Deviation(标准差),Range(范围,最大－最小),Interquartile Range(四分位数范围),Uncorrected SS(未修正平方和),Corrected SS(修正平方和), Coeff Variation(变异系数,标准差/均值),Std Error Mean(标准误差均值)

(2)Quantiles(分位数)

(3)Extreme Values(极值)

包括最小值前5个,最大值前5个。

二、psych 包

```
library(psych)
round(describe(mtcars$mpg),digits= 3)
##vars  n  mean   sd median trimmed  mad  min  max range skew
##kurtosis   se
##X1     1 32 20.09 6.03   19.2     19.7 5.41 10.4 33.9  23.5 0.61
##-0.37 1.06
```

三、pastecs 包

```
library(pastecs)
stat.desc(mtcars$mpg,norm=TRUE)
##  nbr.val     nbr.null      nbr.na        min         max         range
##  32.0000000  0.0000000   0.0000000   10.4000000  33.9000000 23.5000000
##  sum         median          mean     SE.mean  CI.mean.0.95          var
##  642.9000000 19.2000000  20.0906250  1.0654240   2.1729465  36.3241028
##  std.dev     coef.var    skewness    skew.2SE    kurtosis     kurt.2SE
##  6.0269481   0.2999881   0.6106550   0.7366922   -0.3727660 -0.2302812
##  normtest.W  normtest.p
##  0.9475647   0.1228814
```

如果 skew.2SE > 1,则偏度显著不同于零。

四、fBasics 包

```
library(fBasics)
round(basicStats(mtcars$mpg),digits=2)
##              X..mtcars.mpg
## nobs                 32.00
## NAs                   0.00
## Minimum              10.40
## Maximum              33.90
## 1. Quartile          15.43
## 3. Quartile          22.80
## Mean                 20.09
## Median               19.20
## Sum                 642.90
## SE Mean               1.07
## LCL Mean             17.92
## UCL Mean             22.26
```

```
## Variance              36.32
## Stdev                  6.03
## Skewness               0.61
## Kurtosis              -0.37
```

上述四个 R 包,描述性统计结果的输出不完全一样,第一个 R 包 descriptr 输出结果最全。

五、根据分类变量因子水平分组统计

```
library(descriptr)
ds_group_summary(mtcarz,cyl,mpg)# 根据 cyl 因子水平,分组统计 mpg
##                                          mpg by cyl
## -----------------------------------------------------------------------------------------
## |     Statistic/Levels|                   4|                   6|                   8|
## -----------------------------------------------------------------------------------------
## |                  Obs|                  11|                   7|                  14|
## |              Minimum|                21.4|                17.8|                10.4|
## |              Maximum|                33.9|                21.4|                19.2|
## |                 Mean|               26.66|               19.74|                15.1|
## |               Median|                  26|                19.7|                15.2|
## |                 Mode|                22.8|                  21|                10.4|
## |       Std. Deviation|                4.51|                1.45|                2.56|
## |             Variance|               20.34|                2.11|                6.55|
## |             Skewness|                0.35|               -0.26|               -0.46|
## |             Kurtosis|               -1.43|               -1.83|                0.33|
## |       Uncorrected SS|             8023.83|             2741.14|             3277.34|
## |         Corrected SS|              203.39|               12.68|                85.2|
## |      Coeff Variation|               16.91|                7.36|               16.95|
## |      Std. Error Mean|                1.36|                0.55|                0.68|
## |                Range|                12.5|                 3.6|                 8.8|
## |  Interquartile Range|                 7.6|                2.35|                1.85|
## -----------------------------------------------------------------------------------------
```

第四节 表格法描述性统计

一、单变量字符变量汇总

频数(frequency):在几个互不重叠的组别中,每一组项的个数。

相对频数(relative frequency):相对频数 $=\frac{频数}{n}$ (一个组的相对频数等于该组的项数占总项数的比例,n 为观测值的个数)。

百分频数(percent frequency): 百分比频数 $=\frac{频数}{n}\times 100$。

频数之和等于观测值的数目。相对频数之和等于 1.00,百分比频数之和等于 100。

R 实例

```
SoftDrink<-read.table("D:/SoftDrink.csv",sep=",",header=TRUE)
```

```
attach(SoftDrink)
counts<-table(Brand)
counts# 频数分布表
## Brand
##   Coca-Cola   Diet Coke Dr. Pepper      Pepsi      Sprite
##          19           8          5         13           5
```

50 次购买记录中,Coke Classic 出现 19 次,Diet Coke 出现 8 次,Dr. Pepper 出现 5 次,Pepsi 出现 13 次,Sprite 出现 5 次。

```
R.f=prop.table(counts) # 相对频数分布表
R.f
## Brand
##   Coca-Cola  Diet Coke Dr. Pepper      Pepsi      Sprite
##        0.38       0.16       0.10       0.26       0.10
P.f=prop.table(counts)*100 # 百分比频数分布表
P.f
## Brand
##   Coca-Cola  Diet Coke Dr. Pepper      Pepsi      Sprite
##          38         16         10         26          10
```

二、单变量数值变量汇总

对于定量数据,确定频数分布的组时,作为一般准则,建议使用 5~20 个组(表 2-2)。

表 2-2 年末审计时间

(单位:天)

12	14	19	18
15	15	18	17
20	27	22	23
22	21	33	28
14	18	16	13

注:表中数据是一家会计师事务所对 20 位客户完成年末审计所需的时间。

定量数据,必须确定每一个数据属于且只属于一组。下组限定义为被分到该组的最小可能的数据值,上组限定义为被分到该组的最大可能的数据值。

R 实例

```
Audit<-read.table("D:/Audit.csv",sep=",",header=TRUE)
attach(Audit)
# 取整分割,把向量分为 5 组
counts<-table(cut(Audit.Time, b=5, dig.lab = 0))
```

```
counts
##
##  (12,16] (16,20] (20,25] (25,29] (29,33]
##       7       6       4       2       1
# 指定组限分割
counts<-table(cut(Audit.Time, breaks =c(11,14,19,24,29,33)))
counts
##  (11,14] (14,19] (19,24] (24,29] (29,33]
##       4       8       5       2       1
R.f=prop.table(counts)# 相对频数
R.f
##
##  (11,14] (14,19] (19,24] (24,29] (29,33]
##     0.20    0.40    0.25    0.10    0.05
P.f=prop.table(counts)*100# 百分比频数
P.f
##
##  (11,14] (14,19] (19,24] (24,29] (29,33]
##      20      40      25      10       5
```

三、交叉分组表

数据文件 Restaurant.csv 包含了 300 家餐馆的服务质量和餐饮价格数据,服务质量分为 Excellent、Good、Very Good,餐饮价格最低 10 元,最高 48 元。

1. 餐饮价格取整分组

```
Restaurant<-read.table("D:/Restaurant.csv",sep=",",header=TRUE)
attach(Restaurant)
counts<-table(Quality,cut(Price, b = 4, dig.lab = 0))# 餐饮价格取整分割为 4 组
counts
##
## Quality     (1e+01,2e+01] (2e+01,3e+01] (3e+01,4e+01] (4e+01,5e+01]
##   Excellent             2            14            28            22
##   Good                 42            40             2             0
##   Very Good            34            64            46             6
R.f=round(prop.table(counts),digits=2)# 相对频数
R.f
##
## Quality     (1e+01,2e+01] (2e+01,3e+01] (3e+01,4e+01] (4e+01,5e+01]
##   Excellent          0.01          0.05          0.09          0.07
```

```
##   Good              0.14       0.13       0.01       0.00
##   Very Good         0.11       0.21       0.15       0.02
P.f=round(prop.table(counts)*100,digits=2)# 百分比频数
P.f
##
## Quality     (1e+01,2e+01] (2e+01,3e+01] (3e+01,4e+01] (4e+01,5e+01]
##   Excellent          0.67          4.67          9.33          7.33
##   Good              14.00         13.33          0.67          0.00
##   Very Good         11.33         21.33         15.33          2.00
```

2. 餐饮价格指定组限分组

```
Restaurant<-read.table("D:/Restaurant.csv",sep=",",header=TRUE)
attach(Restaurant)
counts<-table(Quality,cut(Price, breaks =c(9,19,29,39,49)))
counts
##
## Quality     (9,19] (19,29] (29,39] (39,49]
##   Excellent      2      14      28      22
##   Good          42      40       2       0
##   Very Good     34      64      46       6
R.f=round(prop.table(counts),digits=2)# 相对频数
R.f
##
## Quality     (9,19] (19,29] (29,39] (39,49]
##   Excellent   0.01    0.05    0.09    0.07
##   Good        0.14    0.13    0.01    0.00
##   Very Good   0.11    0.21    0.15    0.02
P.f=round(prop.table(counts)*100,digits=2)# 百分比频数
P.f
## Quality     (9,19] (19,29] (29,39] (39,49]
##   Excellent   0.67    4.67    9.33    7.33
##   Good       14.00   13.33    0.67    0.00
##   Very Good  11.33   21.33   15.33    2.00
```

使用 CrossTable 生成二维列联表:

```
library(gmodels)
library(vcd)
attach(Arthritis)
CrossTable(Arthritis$Treatment, Arthritis$Improved)
```

```
##    Cell Contents
## |-------------------------|
## |                       N |
## | Chi-square contribution |
## |           N / Row Total |
## |           N / Col Total |
## |         N / Table Total |
## |-------------------------|
## Total Observations in Table:  84
##                       | Arthritis$Improved
## Arthritis$Treatment |      None |      Some |    Marked | Row Total |
## --------------------|-----------|-----------|-----------|-----------|
##             Placebo |        29 |         7 |         7 |        43 |
##                     |     2.616 |     0.004 |     3.752 |           |
##                     |     0.674 |     0.163 |     0.163 |     0.512 |
##                     |     0.690 |     0.500 |     0.250 |           |
##                     |     0.345 |     0.083 |     0.083 |           |
## --------------------|-----------|-----------|-----------|-----------|
##             Treated |        13 |         7 |        21 |        41 |
##                     |     2.744 |     0.004 |     3.935 |           |
##                     |     0.317 |     0.171 |     0.512 |     0.488 |
##                     |     0.310 |     0.500 |     0.750 |           |
##                     |     0.155 |     0.083 |     0.250 |           |
## --------------------|-----------|-----------|-----------|-----------|
##        Column Total |        42 |        14 |        28 |        84 |
##                     |     0.500 |     0.167 |     0.333 |           |
## --------------------|-----------|-----------|-----------|-----------|
##
```

CrossTable (Arthritis$Treatment, Arthritis$Improved,prop.chisq = FALSE)# prop.chisq = FALSE,不显示 Chi-square contribution

第三章 正态分布

第一节 一维正态分布与二维正态分布

正态分布又叫常态分布或高斯分布，是描述连续型随机变量时最重要的一种概率分布。

任何分布的抽样分布,当样本足够大时,其渐进分布都是正态分布(中心极限定理)。

一、一维正态分布

1. 概述

若随机变量 X 服从一个位置参数为 μ、尺度参数为 σ 的概率分布,且概率密度函数为

$$f(x)=\frac{1}{\sqrt{2\pi}\,\sigma}e^{-\frac{(x-\mu)^2}{2\sigma^2}}$$

则这个随机变量就称为正态随机变量,正态随机变量服从的分布就称为正态分布。记作 $X \sim N(\mu,\sigma^2)$,读作 X 服从正态分布。

2. 标准正态分布

一个正态分布,当 $\mu=0$,$\sigma=1$ 时,称为标准正态分布,记作 $X \sim N(0,1)$。

标准正态分布是正态分布的一种,其概率密度函数为

$$f(x)=\frac{1}{\sqrt{2\pi}}e^{\left(-\frac{x^2}{2}\right)}$$

3. 正态分布的两个参数

正态分布具有两个参数,参数 μ 是服从正态分布随机变量的均值,参数 σ^2 是服从正态分布随机变量的方差。

μ 是正态分布的位置参数,描述正态分布的集中趋势位置。概率规律为取与 μ 邻近的值的概率大,而取离 μ 越远的值的概率越小。正态分布以 $X=\mu$ 为对称轴,高于或低于均值的数据对称分布在均值两旁,两端无限延伸(图 3-1)。

正态分布的期望、均数、中位数、众数相同,均等于 μ。偏度为 0,峰度为 3。

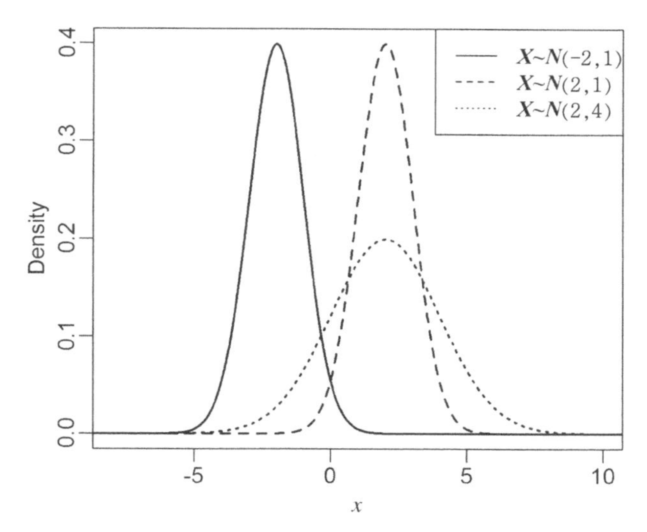

图 3-1 正态分布概率密度函数曲线

4. 概率密度函数曲线

正态分布的概率密度函数曲线呈钟形，两头低，中间高，关于直线 $x=\mu$ 对称，因此又称为钟形曲线，μ 决定正态分布概率密度函数曲线中心点的位置，标准差 σ 描述正态分布数据分布的离散程度，σ 越大，数据分布越分散，σ 越小，数据分布越集中。σ 也称为正态分布的形状参数，σ 越大，曲线越扁平，σ 越小，曲线越瘦高。$x\to\infty$ 时曲线以横轴为渐近线，且理论上永远不会与横轴相交。

正态分布概率密度函数曲线与 x 轴围成的面积为 100%，其中：

①约 68.27% 的面积在平均值左右 1 个标准差范围内；

②约 95.45% 的面积在平均值左右 2 个标准差范围内；

③约 99.73% 的面积在平均值左右 3 个标准差范围内。

也就是说，服从正态分布的随机变量。

①约 68.27% 的值分布在距离平均值左右 1 个标准差之内的范围；

②约 95.45% 的值分布在距离平均值左右 2 个标准差之内的范围；

③约 99.73% 的值分布在距离平均值左右 3 个标准差之内的范围；

④出现在平均值左右 3 个标准差之外的变量值，只有约 0.26%。

“小概率事件”通常指发生的概率小于 5% 的事件，认为在一次试验中该事件是几乎不可能发生的。由此可见 X 落在 $(\mu-3\sigma, \mu+3\sigma)$ 以外的概率小于千分之三，在实际问题中常认为相应的事件是不会发生的，基本上可以把区间 $(\mu-3\sigma, \mu+3\sigma)$ 看作是随机变量 X 实际可能的取值区间，这称之为正态分布的“3σ”原则。

5. 累计概率密度函数(分布函数)

累积分布函数是概率密度函数的积分，指随机变量 X 小于或等于 x 的概率，用概率密度函数表示为

$$F(x)=\frac{1}{\sigma\sqrt{2\pi}}\int_{-\infty}^{x}\exp\left(-\frac{(x-\mu)^2}{2\sigma^2}\right)\mathrm{d}x, -\infty<x<\infty$$

二、二维正态分布

二维正态分布,又叫二维高斯分布、双变量正态分布或二元正态分布。满足下述概率密度分布的随机变量分布叫作二维正态分布(图 3-2)。

$$P(x_1,x_2)=\frac{1}{2\pi\sigma_1\sigma_2\sqrt{1-\rho^2}}\exp\left[-\frac{z}{2(1-\rho^2)}\right]$$

式中,$z\equiv\frac{(x_1-\mu_1)^2}{\sigma_1^2}-\frac{2\rho(x_1-\mu_1)(x_2-\mu_2)}{\sigma_1\sigma_2}+\frac{(x_2-\mu_2)^2}{\sigma_2^2}$。

注意:在恒等式中,所有的恒等符号“≡”,都可以用等号“=”代替。

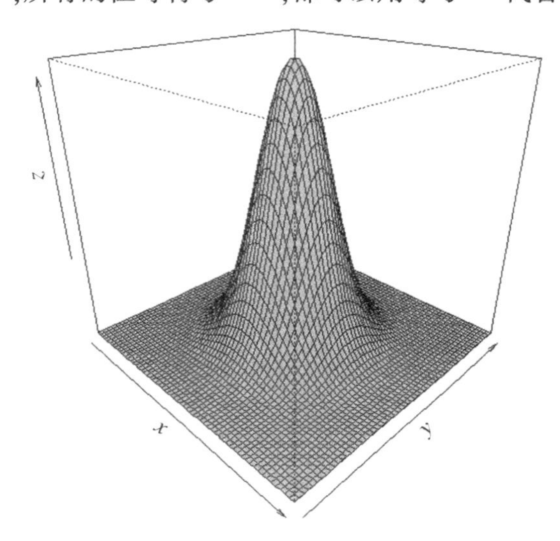

图 3-2 二维正态分布的概率密度函数图像

单变量服从正态分布是双变量服从正态分布的必要非充分条件:双变量服从正态分布,每个变量必然服从正态分布;每个变量服从正态分布,双变量未必服从正态分布。只要有一个变量不服从正态分布,则双变量肯定不服从双变量正态分布。

三、对数正态分布

如果 ln(X)服从正态分布,那么随机变量 X 服从对数正态分布。对数正态分布的概率密度函数是正偏的。

第二节　连续变量的正态性检验

一、夏皮罗-威尔克(Shapiro-Wilk)检验

夏皮罗－威尔克(Shapiro-Wilk)检验(W 检验),是 1965 年由夏皮罗和威尔克发表的一种检验正态性的方法,这个检验的零假设是样本来自于一个正态总体。因此,如果 P 值小于选择的显著度水平(α 值通常为 0.05),应该拒绝零假设,样本不是来自一个正态分布总体;如果 P 值比选择的显著度水平大,没有证据拒绝零假设,样本来自于一个正态分布总体。如果数据量在 3~2 000,倾向于夏皮罗－威尔克检验的结果。

二、柯尔莫戈洛夫-斯米诺夫检验

柯尔莫戈洛夫－斯米诺夫(Kolmogorov-Smirnov)检验,简称 K-S 检验。K-S 检验是以两位苏联数学家 Kolmogorov 和 Smirnov 的名字命名的,是基于样本累积分布函数来进行判断的。K-S 检验可以用于判断某个样本集是否符合某个已知分布,也可以用于检验两个样本之间的显著性差异。K-S 检验适合用于大数据样本的正态性检验,即当样本的数据量超过 2 000 时。

两种正态性检验的原假设都是服从正态分布。当 $P<0.05$ 时,和正态分布有显著性差异;当 $P>0.05$ 时,和正态分布无显著性差异。

若两种检验结果的显著性相抵触,当样本量 <2 000 时,以夏皮洛－威尔克检验结果为准;当样本量 >2 000 时,以柯尔莫戈洛夫－斯米诺夫检验结果为准。

三、R 语言单一连续变量正态性检验

1. Shapiro-Wilk 检验

shapiro.test()函数只有一个参数 x。x 是数值型向量,该向量允许存在 NA,但是非丢失数据的范围为 3~5 000。

例 1　11 个随机抽取的样本体重数据为 148,154,158,160,161,162,166,170,182,195,236。

```
k<-c(148 ,154, 158, 160, 161, 162, 166, 170, 182, 195, 236)
shapiro.test(k)
##  Shapiro-Wilk normality test
## data: k
## W = 0.78881, p-value = 0.006704
st <- shapiro.test(k)
st$p.value# 提取 p 值
## [1] 0.006703814
```

P 值小于 0.05,拒绝原假设,即该数据不符合正态分布。

例 2　R 内置数据集 mtcars 中变量 mpg 进行正态性检验

```
shapiro.test(mtcars$mpg)
##  Shapiro-Wilk normality test
## data:  mtcars$mpg
## W = 0.94756, p-value = 0.1229
```

P 值大于 0.05,不能拒绝原假设,该数据符合正态分布。

2. K-S 检验

单样本 K-S 检验是一种非参数的统计检验方法，常被用来比较连续概率分布间的相似性,用来判断某个样本是否符合已知概率分布。

```
ks.test(x,'pnorm')# 选项 'pnorm',正态分布检验
##                    One-sample Kolmogorov-Smirnov test
## data:  x
## D = 0.025495, p-value = 0.5341
## alternative hypothesis: two-sided
```

H_0:该分布是正态分布,H_1:该分布不是正态分布

从输出的 P-value 来看,没有充分理由不接受原假设。

如果出现下列警告信息:

Kolmogorov - Smirnov 检验里不应该有连结

出现这个警告的原因是数据中有重复值。

k-s 检验是计算数据分布函数与假设总体分布函数之间的差异。采用秩统计量,在排序过程中若有重复值的话就会显示警告,排除此警告的方法有以下两种。

①加一个均匀分布的随机扰动:

```
ks.test(x+runif(length(x),-0.05,0.05),"pnorm",mean(x),sd(x))
```

②用 jitter 给重复数据加噪音:

```
ks.test(jitter(x),'pnorm',mean(x),sd(x))
```

这两种方法不会影响数据分布,也不会影响最终的检测结果。

3. cvm.test

```
library(nortest)
cvm.test(mtcars$mpg)#N≥ 7
##
##  Cramer-von Mises normality test
##
## data:  mtcars$mpg
## W = 0.088204, p-value = 0.1558
```

4. ad.test

```
library(nortest)
ad.test(mtcars$mpg)#5≤ N≤ 25
```

```
##
##   Anderson-Darling normality test
##
## data:  mtcars$mpg
## A = 0.57968, p-value = 0.1207
```

四、二维正态性检验

每个样本的数量必须为3~5 000。

```
library(mvnormtest)
dim(mtcars)
## [1] 32 11
c<-t(mtcars[1:32,6:7])#将数据集mtcars的1到32行,6到7列数据转置
mshapiro.test(c)
##
##   Shapiro-Wilk normality test
##
## data:  Z
## W = 0.97528, p-value = 0.6557
```

如果P>0.05,表明不能拒绝数据正态分布的无效假设,即数据呈正态分布;如果P<0.05,则拒绝数据正态分布的无效假设。

第三节　变量变换

Box-Cox变换是Box和Cox在1964年提出的一种广义幂变换方法,用于连续的响应变量不满足正态分布的情况。比凭经验或通过尝试而选用对数、平方根等变换方式要客观和精确,是统计建模中常用的一种数据变换方法。

Box-Cox变换的主要特点是通过数据本身估计一个变换参数λ,进而确定应采取的数据变换形式。

$$y^{(\lambda)}=\begin{cases}\dfrac{y^{\lambda}-1}{\lambda},\lambda\neq 0\\ \log(y),\lambda=0\end{cases}$$

式中,$y^{(\lambda)}$为经Box-Cox变换后得到的新变量,y为原始连续因变量,λ为变换参数。以上变换要求原始因变量y取值为正,若取值为负时,可先对所有原始数据同加一个常数使其为正值,然后再进行以上的变换。Box-Cox变换中参数的估计有两种方法:最大似然估计法和Bayes方法。

Box-Cox变换一般都可以保证将数据进行成功的正态变换,但在二分量或较少水平

的等级变量情况下,不能进行成功转换。此时应该考虑使用广义线性模型。

使用Box-Cox变换后,残差可以更好地满足正态性、独立性等假设,减少异方差,降低了伪回归的概率。

一、BoxCox Trans函数

caret包的BoxCoxTrans函数能找到合适的变换并且应用到新数据上。

```
library(lattice)# 加载 caret 包需要先加载此包
library(ggplot2) # 加载 caret 包需要先加载此包
library(e1071) # 加载 caret 包需要先加载此包
library(caret)# caret
library(ISLR)# 调用数据集 Auto 需要加载 ISLR 包
ChlAreaTrans<-BoxCoxTrans(Auto$mpg)
ChlAreaTrans
## Box-Cox Transformation
##
## 392 data points used to estimate Lambda
##
## Input data summary:
##    Min. 1st Qu.  Median    Mean 3rd Qu.    Max.
##    9.00   17.00   22.75   23.45   29.00   46.60
##
## Largest/Smallest: 5.18
## Sample Skewness: 0.454
##
## Estimated Lambda: 0.2
```

二、BOX-COX变换R包

```
install.packages("AID")
library(AID)
## Warning: package 'AID' was built under R version 4.0.3
## Registered S3 method overwritten by 'quantmod':
##   method            from
##   as.zoo.data.frame zoo
out <-boxcoxnc(cars$dist)# 对数据集 cars 中的变量 dist 进行变换(图 3-3)
```

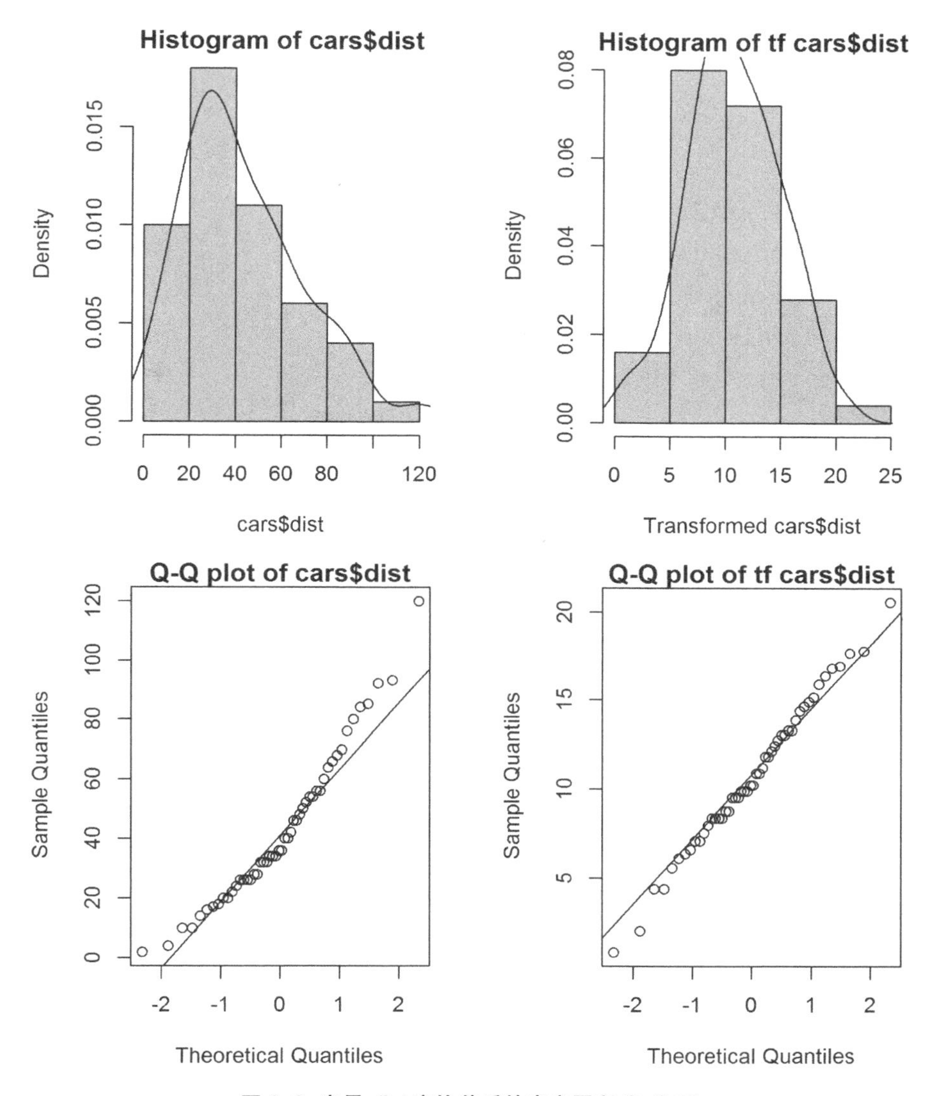

图 3–3 变量 dist 变换前后的直方图和 Q–Q 图

```
##   Box-Cox power transformation
## -------------------------------------------------------------
##   data : cars$dist
##
##   lambda.hat : 0.51
##
##
## Shapiro-Wilk normality test for transformed data (alpha = 0.05)
## -------------------------------------------------------------
##
##   statistic  : 0.9934913
```

```
##    p.value     : 0.9942103
##
##    Result      : Transformed data are normal.
## -----------------------------------------------------------------
ddist_new <- out$tf.data
cars <- cbind(cars, dist_new)
# 用变换后的变量重新建模和检验异方差
lm.fit<- lm(dist_new ~ speed, data=cars)
lmtest::bptest(lm.fit)
##                    studentized Breusch-Pagan test

## data:  lm.fit
## BP = 0.026669, df = 1, p-value = 0.8703
```

由于 P 值为 0.870 3,不能拒绝零假设(残差的方差是恒定的),因此推断残差的方差是相同的。

boxcoxnc()要求样本数量是 3~5 000。

第四章　线性相关分析

第一节　概　论

一、相关

相关是相互关联的简称。变量之间相随变动的数量关系,分为函数关系与相关关系两类,函数关系表示变量之间数量上的确定性关系,即一个或一组变量在数量上的变化通过函数式所规定的数学等式可完全确定另一个变量在数量上的变化;相关关系表示变量之间相随变动的某种数量统计规律性,一个变量只是大体上按照某种趋势随另一个或一组变量而变化,是在进行了大量的观测或试验以后建立起来的一种经验关系。

二、相关系数

在概率论和统计学中,相关系数显示两个随机变量之间线性关系的强度和方向。

三、判定系数

相关系数的平方称为判定系数,也叫可决系数、决定系数或拟合优度判定系数,在统计学中用于度量因变量的变异中可由自变量解释部分所占的比例,以此来判断统计模型的解释力,该统计量越接近于1,模型的拟合优度越高。

如判定系数 R^2=0.999 99,表示在因变量 y 的变异中有99.999%是由于自变量 x 引起。当 R^2=1时,所有观测点都落在拟合的直线或曲线上;当 R^2=0时,表示自变量与因变量不存在直线或曲线关系。

四、相关关系的方向

相关关系的方向分为正相关、负相关和零相关。

正相关是指两个变量变动方向相同,散点图是斜向上的,一个变量由小到大变化时,另一个变量亦由小到大变化。

负相关是指两个变量变动方向相反,散点图是斜向下的,一个变量由小到大变化时,另一个变量反而由大到小变化。

零相关是指两个变量之间没有关系,即一个变量变动时,另一个变量作无规律的变动,又称为无相关。

五、相关关系的密切程度

相关关系的密切程度分为完全相关、强相关和弱相关。

完全相关(也称函数关系),是指两个变量的关系是一一对应,完全确立的关系。在坐标轴上描绘两个变量时会形成一条直线。

强相关又称高度相关,即当一个变量变化时,与之相应的另一个变量增大(或减少)的可能性非常大。在坐标图上则表现为散点图较为集中在某条直线的周围。

弱相关又称低度相关,即当一个变量变化时,与之相对应的另一个变量增大(或减少)的可能性较小。亦即两个变量之间虽然有一定的联系,但联系的紧密程度较低。在坐标图上表现出散点比较分散地分布在某条直线的周围。

相关系数绝对值越接近于1,两个变量间相关性越强;相关系数的绝对值越接近0,两变量的关联程度越弱。

通常情况下通过以下相关系数绝对值取值范围判断变量间的相关强度。

0.8~1.0　　极强相关

0.6~0.8　　强相关

0.4~0.6　　中等强度相关

0.2~0.4　　弱相关

0.0~0.2　　极弱相关或无相关

尤其是当相关系数为0.7及以上时,特别受研究者青睐,因为在直线相关分析里,它能够解释接近一半的因变量变异。

六、相关系数的取值范围

相关系数的取值范围是-1~1。

取值范围是(-1,0)时,为负相关;取值范围是(0,1)时,为正相关。相关系数为0时,表示两个变量之间不存在线性相关,但有可能是其他方式的相关,比如曲线相关。

七、相关分析

相关分析是研究两个或两个以上随机变量间相关关系的统计方法。

线性相关分析研究的是两个变量间直线相关关系的密切程度,是最简单的相关分析。线性相关分析,一般借助相关图和相关系数来进行。

八、相关图

相关图又称散点图,可以对两个定量变量(连续型变量)间的关系进行可视化。以直角坐标系的横轴代表自变量 X,纵轴代表因变量 Y,将一对对自变量和因变量的值用坐标点的形式描绘出来(图4-1~图4-4)。

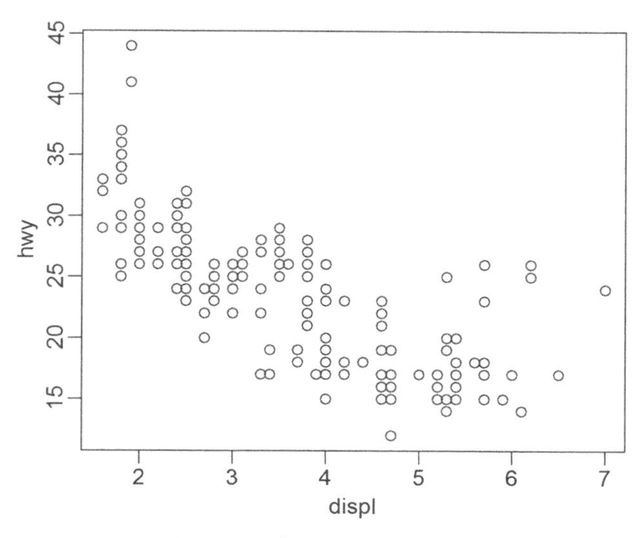

图 4–1　一个二元变量的散点图

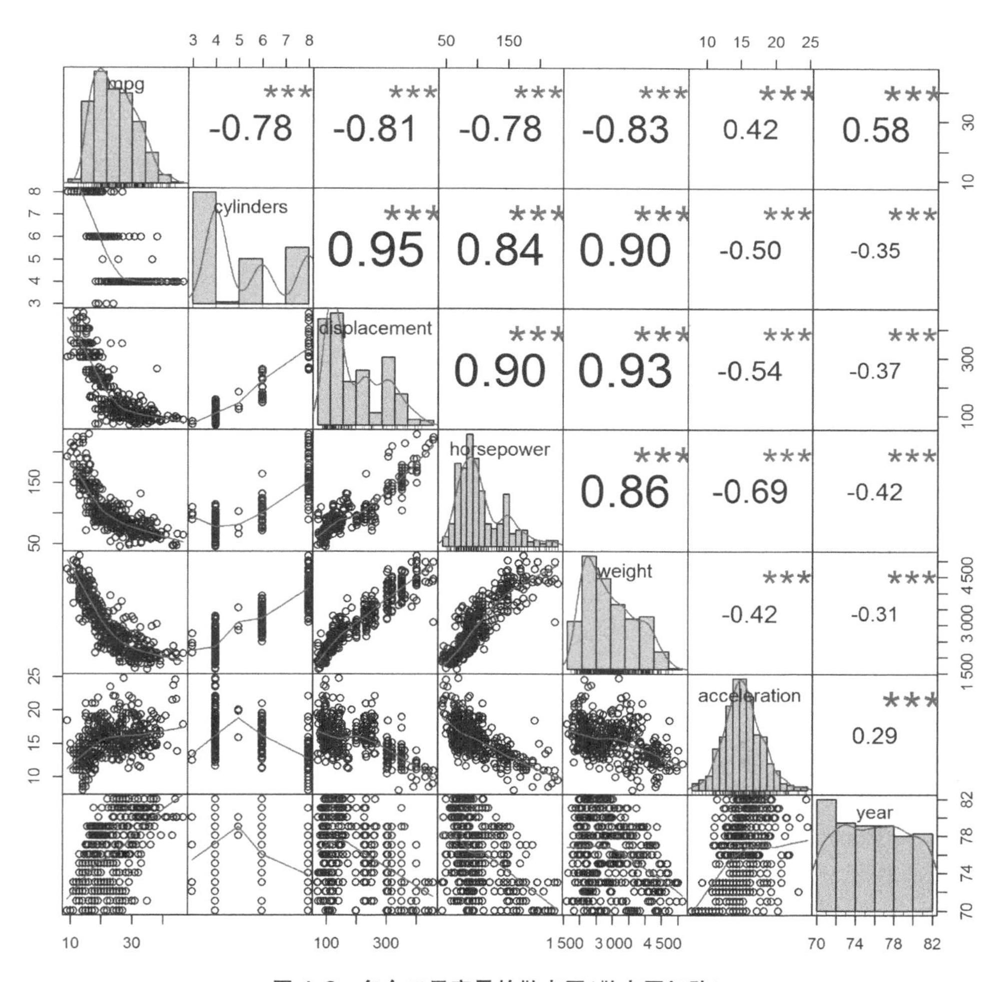

图 4–2　多个二元变量的散点图(散点图矩阵)

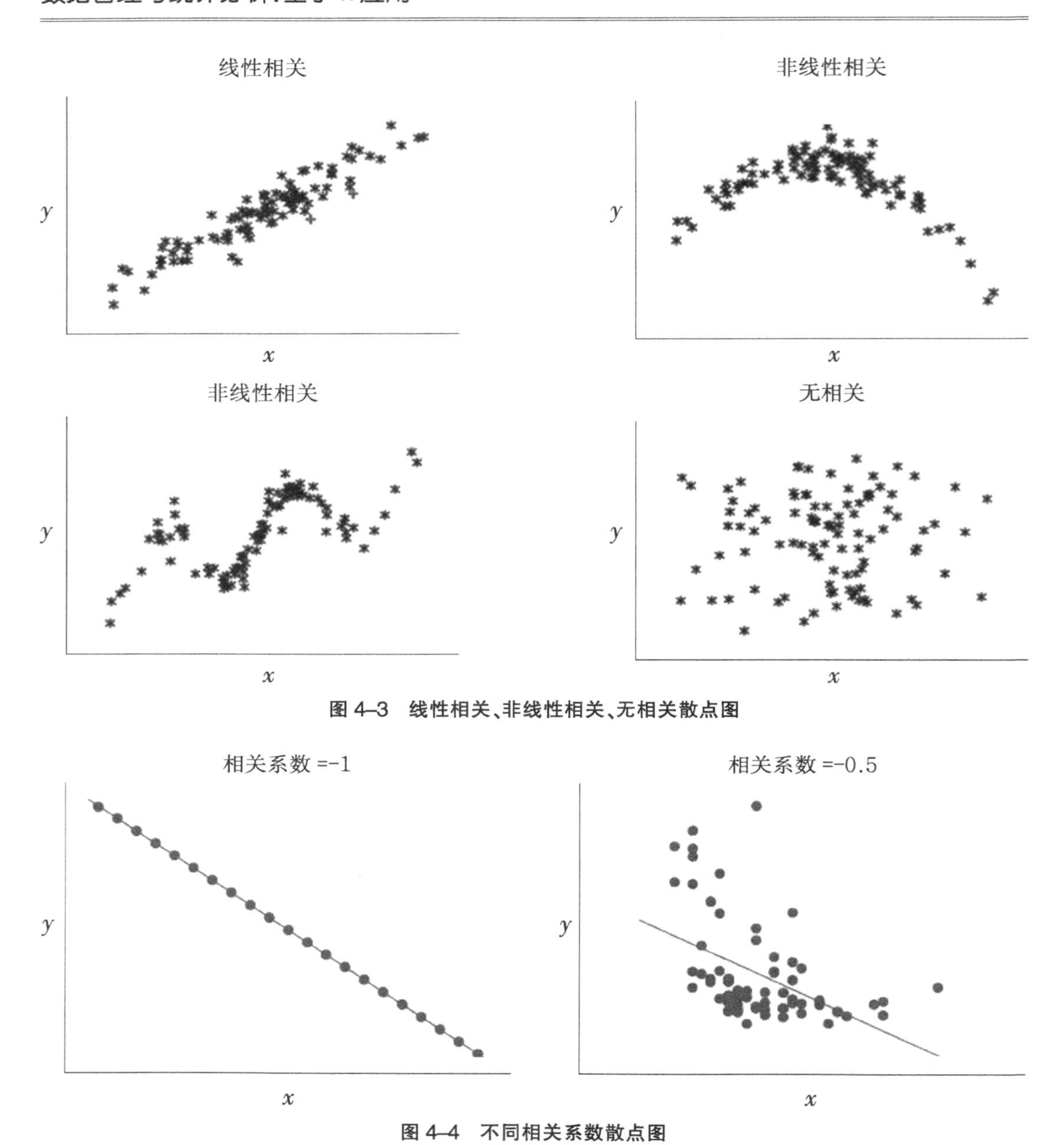

图 4-3　线性相关、非线性相关、无相关散点图

图 4-4　不同相关系数散点图

九、相关系数的种类

1. 皮尔逊(Pearson)相关系数

线性相关系数又称为积差相关系数或 Pearson 相关系数,用符号 r 表示。是英国统计学家皮尔逊(Pearson)于 20 世纪初提出的一种计算直线相关系数的方法,用于描述两个随机变量线性相关关系的密切程度和相关方向。

Pearson 相关系数是在原始数据的方差和协方差基础上计算得到, 所以对离群值比较敏感,它度量的是线性相关。

(1)计算公式

$$r=\frac{s_{xy}}{s_x s_y}$$

$$s_{xy}=\frac{\sum_{i=1}^{n}(x_i-\overline{x})(y_i-\overline{y})}{n-1}$$

$$s_x=\sqrt{\frac{\sum_{i=1}^{n}(x_i-\overline{x})^2}{n-1}},s_y=\sqrt{\frac{\sum_{i=1}^{n}(y_i-\overline{y})^2}{n-1}}$$

$$r=\frac{\sum_{i=1}^{n}(x_i-\overline{x})(y_i-\overline{y})}{\sqrt{\sum_{i=1}^{n}(x_i-\overline{x})^2}\sqrt{\sum_{i=1}^{n}(y_i-\overline{y})^2}}$$

皮尔逊相关的约束条件：

①两个变量间有线性关系；

②变量是连续变量；

③两个变量均服从正态分布，且二元分布也服从正态分布；

④两个变量的观测值是成对的，每对观测值之间相互独立。

(2)相关系数的假设检验

$r\neq0$ 的原因，可能是由抽样误差引起，总体相关系数 $\rho=0$；也可能变量间存在线性相关关系，总体相关系数 $\rho\neq0$。

①建立假设检验并确定检验水准。

$H_0:\rho=0$(两变量间无线性相关关系)

$H_1:\rho\neq0$(两变量间有线性相关关系)

显著性水平：$\alpha=0.05$

②计算检验统计量：

$$t=\frac{r}{\sqrt{\frac{1-r^2}{n-2}}}$$

$$\nu=n-2$$

③查 t 界值表确定 P 值，做出结论，是否拒绝原假设。

2. 斯皮尔曼(Spearman)秩相关系数 r_s

Spearman 秩相关系数对数据条件的要求没有皮尔逊相关系数严格，只要两个变量的观测值是成对的等级评定资料，或者是由连续变量观测资料转化得到的等级资料，不论两个变量的总体分布形态、样本容量的大小如何，都可以用斯皮尔曼秩相关系数来进行研究。

如果数据不满足双变量正态分布，用 Pearson 线性相关系数来描述变量间的线性相关关系会导致错误的结论。

Spearman 秩相关(等级相关)系数,由英国心理学家、统计学家 Spearman 在 1904 年提出,可以在数据不满足双变量正态分布的情况下,作为变量之间线性相关关系或单调关系强弱的度量。

秩(rank),是一种数据排序的方式。如果有 100 个不同的数据,其中最小的数据对应的秩就是 1,最大的数据对应的秩就是 100。如果一组数据中有相同的数值,其对应的秩相同。

Spearman 秩相关系数根据积差相关的概念推导而来，一些人把 Spearman 秩相关看作积差相关的特殊形式。

秩相关分析对变量分布不作要求,为非参数统计方法,它适用于下述三种情况。

①不服从双变量正态分布;

②总体分布类型未知或有异常值;

③用等级表示的变量。

Spearman 秩相关系数经常被称为非参数相关系数,在没有重复数据的情况下,如果一个变量是另外一个变量的严格单调函数,则 Spearman 秩相关系数就是 1 或 -1,称变量完全 Spearman 秩相关。

正的 Spearman 秩相关系数对应于 X、Y 之间单调递增加的变化趋势，负的 Spearman 秩相关系数对应于 X、Y 之间单调递减的变化趋势。这与 Pearson 相关性不同,Pearson 相关性只有在变量之间具有线性关系时才是完全相关的,Pearson 相关系数才为 1 或 -1。

斯皮尔曼秩相关系数

$$r_s=1-\frac{6\sum_{i=1}^{n}d_i^2}{n(n^2-1)}$$

式中，n 为样本容量;将 n 对观察值 X_i、$Y_i(i=1,2,\cdots,n)$分别由小到大编秩，P_i 表示 X_i 的秩，Q_i 表示 Y_i 的秩，$d_i=P_i-Q_i$。

相关系数显著性检验统计量:

$$t=r_s\sqrt{\frac{n-2}{1-r_s^2}}$$

设定显著性水平 α,查 t 值表。

相关系数显著性检验统计量:

$$z=\frac{r_s-\mu_{rs}}{\sigma_{rs}}$$

式中,均值 $\mu_{rs}=0$,标准差 $\sigma_{rs}=\sqrt{\frac{1}{n-1}}$。

设定显著性水平 α,查 z 值表。

若 $P\leqslant\alpha$,拒绝总体秩相关系数为 0 的原假设,两变量之间存在显著的相关关系。

若 $P>\alpha$,不能拒绝总体秩相关系数为 0 的原假设,两变量之间不存在显著的相关关系。

例　某省调查了 1995 年到 1999 年当地居民 18 类死因的构成以及每种死因导致的潜在工作损失年数 WYPLL 的构成,结果见表 4-1。以死因构成为 X,WYPLL 构成为 Y,作等级相关分析。

表 4-1 某省 1995 年到 1999 年居民死因构成以及 WYPLL 构成

死因类别	死因构成(%)	WYPLL 构成(%)	P	Q	d	d^2
1	0.03	0.05	1	1	0	0
2	0.14	0.34	2	2	0	0
3	0.20	0.93	3	6	-3	9
4	0.43	0.69	4	4	0	0
5	0.44	0.38	5	3	2	4
6	0.45	0.79	6	5	1	1
7	0.47	1.19	7	8	-1	1
8	0.65	4.74	8	12	-4	16
9	0.95	2.31	9	9	0	0
10	0.96	5.95	10	14	-4	16
11	2.44	1.11	11	7	4	16
12	2.69	3.53	12	11	1	1
13	3.07	3.48	13	10	3	9
14	7.78	5.65	14	13	1	1
15	9.82	33.95	15	18	-3	9
16	18.93	17.16	16	17	-1	1
17	22.59	8.42	17	15	2	4
18	27.96	9.33	18	16	2	4

$$\sum d_i^2=92$$

$$r_s=1-\frac{6\sum d_i^2}{n(n^2-1)}=1-\frac{6\times 92}{18\times(324-1)}=0.905$$

3. 肯德尔(Kendall)相关系数 τ

在统计学中，肯德尔相关系数是以 Maurice Kendall 命名的，并经常用希腊字母 τ (tau)表示其值。肯德尔相关系数是一个用来测量两个随机变量相关性的统计值,与斯皮尔曼相关系数对数据条件的要求相同，相对于前两种方法,Kendall 相关在文献中较少见。

Pearson，Spearman，Kendall 三类相关系数是统计学上的三大重要相关系数,表示两个变量之间变化的趋势方向和趋势程度。三种相关系数都是对变量之间相关程度的度量,由于其计算方法不一样,用途和特点也不一样。

①Pearson 相关系数是在原始数据的方差和协方差基础上计算得到，所以对离群值比较敏感,它度量的是线性相关。因此,即使 Pearson 相关系数为 0,也只能说明变量之间不存在线性相关,但仍有可能存在曲线相关。

②Spearman 相关系数和 Kendall 相关系数都是建立在秩和观测值的相对大小的基础上得到的,是一种更为一般性的非参数方法,对离群值的敏感度较低,因而也更具耐受性,度量的主要是变量之间的联系。

不管哪种相关系数,都只能度量两个变量之间的线性相关性,但并不是度量非线性关系的有效工具。即使相关系数为 0,也只能说明变量之间不存在线性相关,并不说明变量之间没有任何关系,因为两变量仍有可能存在曲线相关的关系。

第二节　基于 R 的相关系数显著性检验

一、两个变量之间相关系数的显著性检验

```
cor.test(x, y,
alternative = c("two.sided", "less", "greater"),
method = c("pearson", "kendall", "spearman"),
exact = NULL, conf.level = 0.95, ...)
```

其中 x,y 是长度相同的数值向量,alternative 是备择假设，缺省值为 two.sided, method 是检验方法，缺省值是 Pearson 检验,conf.level 是置信区间水平，缺省值为 0.95。

例 1　某种矿石中两种有用成分 A,B,取 10 个样品,每个样品中成分 A 的含量百分数 x(%),B 的含量百分数 y(%),对两组数据进行相关性检验。

x(%) 67 54 72 64 64 39 22 58 43 46 34

y(%) 24 15 23 19 16 16 11 20 16 17 13

```
x=c(67, 54, 72, 64, 39, 22, 58, 43, 46, 34)
y=c(24, 15, 23, 19, 16, 11, 20, 16, 17, 13)
cor.test(x,y)
##
##  Pearson's product-moment correlation
##
## data:  x and y
## t = 6.6518, df = 8, p-value = 0.0001605
## alternative hypothesis: true correlation is not equal to 0
```

```
## 95 percent confidence interval:
##  0.6910290 0.9813009
## sample estimates:
##       cor
## 0.9202595
```

$P<0.05$,拒绝原假设,x 与 y 相关。

例 2　一项有 6 个人参加表演的竞赛,有两人进行评定,评定结果如下表所示,试用 Spearman 秩相关检验方法检验这两个评定员对等级评定有无相关关系。

参加者编号	1	2	3	4	5	6
甲的打分(x)	1	2	3	4	5	6
乙的打分(y)	6	5	4	3	2	1

```
x<-c(1,2,3,4,5,6); y<-c(6,5,4,3,2,1)
cor.test(x, y, method = "spearman")
##
##  Spearman's rank correlation rho
##
## data:  x and y
## S = 70, p-value = 0.002778
## alternative hypothesis: true rho is not equal to 0
## sample estimates:
## rho
##  -1
```

$P<0.05$,拒绝原假设,x 与 y 相关,$r_s=-1$,表示这两个变量完全负相关,即两人的结论有关系,但完全相反。

二、多个变量两两之间相关系数的显著性检验

```
library(psych) # 载入 psych 包
corr.test(mtcars)# mtcars 为 R 内置数据集名称
## Call:corr.test(x = mtcars)
## Correlation matrix
##        mpg   cyl  disp    hp  drat    wt  qsec    vs    am  gear  carb
## mpg   1.00 -0.85 -0.85 -0.78  0.68 -0.87  0.42  0.66  0.60  0.48 -0.55
## cyl  -0.85  1.00  0.90  0.83 -0.70  0.78 -0.59 -0.81 -0.52 -0.49  0.53
## disp -0.85  0.90  1.00  0.79 -0.71  0.89 -0.43 -0.71 -0.59 -0.56  0.39
## hp   -0.78  0.83  0.79  1.00 -0.45  0.66 -0.71 -0.72 -0.24 -0.13  0.75
## drat  0.68 -0.70 -0.71 -0.45  1.00 -0.71  0.09  0.44  0.71  0.70 -0.09
## wt   -0.87  0.78  0.89  0.66 -0.71  1.00 -0.17 -0.55 -0.69 -0.58  0.43
## qsec  0.42 -0.59 -0.43 -0.71  0.09 -0.17  1.00  0.74 -0.23 -0.21 -0.66
```

```
## vs    0.66 -0.81 -0.71 -0.72  0.44 -0.55  0.74  1.00  0.17  0.21 -0.57
## am    0.60 -0.52 -0.59 -0.24  0.71 -0.69 -0.23  0.17  1.00  0.79  0.06
## gear  0.48 -0.49 -0.56 -0.13  0.70 -0.58 -0.21  0.21  0.79  1.00  0.27
## carb -0.55  0.53  0.39  0.75 -0.09  0.43 -0.66 -0.57  0.06  0.27  1.00
## Sample Size
## [1] 32
## Probability values (Entries above the diagonal are adjusted for
multiple tests.)
##       mpg cyl disp   hp drat   wt qsec   vs   am gear carb
## mpg  0.00   0 0.00 0.00 0.00 0.00 0.22 0.00 0.01 0.10 0.02
## cyl  0.00   0 0.00 0.00 0.00 0.00 0.01 0.00 0.04 0.08 0.04
## disp 0.00   0 0.00 0.00 0.00 0.00 0.20 0.00 0.01 0.02 0.30
## hp   0.00   0 0.00 0.00 0.17 0.00 0.00 0.00 1.00 1.00 0.00
## drat 0.00   0 0.00 0.01 0.00 0.00 1.00 0.19 0.00 0.00 1.00
## wt   0.00   0 0.00 0.00 0.00 0.00 1.00 0.02 0.00 0.01 0.20
## qsec 0.02   0 0.01 0.00 0.62 0.34 0.00 0.00 1.00 1.00 0.00
## vs   0.00   0 0.00 0.00 0.01 0.00 0.00 0.00 1.00 1.00 0.02
## am   0.00   0 0.00 0.18 0.00 0.00 0.21 0.36 0.00 0.00 1.00
## gear 0.01   0 0.00 0.49 0.00 0.00 0.24 0.26 0.00 0.00 1.00
## carb 0.00   0 0.03 0.00 0.62 0.01 0.00 0.00 0.75 0.13 0.00
##
##  To see confidence intervals of the correlations, print with
the short=FALSE option
```

结果分两部分,第一部分是相关系数矩阵,第二部分是Probability values,即相关系数显著性。用cor()函数计算变量之间的相关系数矩阵,需排除定性变量。

第五章　简单线性回归

第一节　概　　论

简单线性回归,也称为一元线性回归,是根据单一预测变量(自变量)X 预测定量响应变量(因变量)Y 的一种方法,它假定 X 和 Y 之间存在线性关系。

一、简单线性回归模型

描述 y 如何依赖于 x 和误差项的方程称为回归模型,下面是简单线性回归模型:

$$y=\beta_0+\beta_1 x+\varepsilon$$

式中, β_0 和 β_1 为简单线性回归模型的系数或参数,是两个未知的常量。β_0 为截距,当 $x=0$ 时 y 的值; β_1 为斜率,当 x 变化一个单位时 y 的平均变化量; ε 为随机误差项,随机误差项说明了包含在 y 里,但不能被 x 和 y 之间的线性关系解释的变异性。

简单线性回归模型的假定:

①随机误差项 ε 的值相互独立,服从(或近似服从)均值为 0,方差为 σ^2 的正态分布;

②对所有的 x 值, ε 的方差都是相同的;

③因变量 Y 是连续变量,自变量 X 是连续变量,变量 X 和 Y 之间的关系可以用一条直线 $y=\beta_0+\beta_1 x$ 表示;

④无论 X 的值怎样变化,因变量 Y 的概率分布都是正态分布,并且具有相同的方差。

二、简单线性回归方程

描述 y 的期望值 $E(y)$如何依赖于 x 的方程称为回归方程。对于简单线性回归,回归方程如下:

$$E(y)=\beta_0+\beta_1 x$$

简单线性回归方程的图形是一条直线, β_0 是拟合直线的 y 轴截距, β_1 是拟合直线的斜率。对于一个给定的 x 值, $E(y)$是 y 的平均值或期望值。

三、估计的简单线性回归方程

上述回归方程的总体参数 β_0 和 β_1 的值常常是未知的,我们必须利用样本数据去估计它,用样本统计量 b_0 和 b_1 作为总体参数 β_0 和 β_1 的估计量。

用样本统计量 b_0 和 b_1 代替总体参数 β_0 和 β_1,得到的方程被称为估计的简单线性回归方程。

$$\hat{y}=b_0+b_1x$$

式中，b_0 为截距，b_1 为斜率，$\hat{y}$ 为因变量预测值。通常,对于 x 的一个给定值，$\hat{y}$是 y 的平均值 $E(y)$的一个点估计。

1. 系数估计

利用样本数据建立估计的回归方程的最小二乘法 (A. M. Legendre 1805 年提出)是一种光滑度较低但解释性较强的方法，它可以解释每一个单独的预测变量是如何影响响应变量的。这种方法通过使因变量的观测值 y_i 与因变量的预测值 $\hat{y}_i$ 之间的离差平方和达到最小求得 a 和 b 的值。

$$E=\sum_{i=1}^{n} e_i^2=\sum_{i=1}^{n}(y_i-\hat{y})^2$$

普通最小二乘法(ordinary least squares,简称 OLS)是从最小二乘法原理出发的参数估计方法。

$$Q(a,b)=\sum_{i=1}^{n}[y_i-(a+bx_i)]^2$$

式中，y_i为观测值，$(a+bx_i)$为拟合值。

根据洛必达法则,当 Q 对 a、b 的一阶偏导数为 0 时,Q 达到最小值。

$$\begin{cases}\dfrac{\partial Q}{\partial a}=-2\sum_{i=1}^{n}[y_i-(a+bx_i)]=0\\ \dfrac{\partial Q}{\partial b}=-2\sum_{i=1}^{n}[y_i-(a+bx_i)]x_i=0\end{cases}$$

$$\hat{a}=\bar{y}-\hat{b}\bar{x}$$

$$\hat{b}=\frac{\sum_{i=1}^{n}(x_i-\bar{x})(y_i-\bar{x})}{\sum_{i=1}^{n}(x_i-\bar{x})^2}$$

式中，x_i 为对于第 i 次观测,自变量的观测值；y_i 为对于第 i 次观测,因变量的观测值，$\bar{x}$ 为自变量的样本平均值；$\bar{y}$ 为因变量的样本平均值；n 为总观测次数。

注意:简单线性回归方程系数的表示,有些资料用 a 表示截距,用 b 表示斜率;有些资料用 b_0 表示截距;用 b_1 表示斜率。

例 由位于大学校园附近的 10 家比萨饼连锁店组成一个样本,并对这个样本采集有关数据。x_i 表示学生人数，y_i 表示季度销售收入(单位:美元)。样本中 10 家比萨饼连锁店的 x_i 和 y_i 的数值如表 5-1 所列。

表 5-1　比萨饼连锁店的学生人数和季度销售收入

连锁店 i	学生人数 x_i(1000 人)	销售收入 y_i(1000 美元)
1	2	58
2	6	105
3	8	88
4	8	118
5	12	117
6	16	137
7	20	157
8	20	169
9	22	149
10	26	202

利用表 5-1 中的样本数据,确定估计的简单线性回归方程中的 b_0 和 b_1 的值。对于第 i 家比萨饼连锁店,估计的简单线性回归方程是

$$\hat{y}_i = b_0 + b_1 x_i$$

$$\bar{x} = \frac{\sum x_i}{n} = \frac{140}{10} = 14$$

$$\bar{y} = \frac{\sum y_i}{n} = \frac{1\ 300}{10} = 13$$

$$b_1 = \frac{\sum (x_i - \bar{x})(y_i - \bar{y})}{\sum (x_i - \bar{x})^2} = \frac{2\ 840}{568} = 5$$

$$b_0 = \bar{y} - b_1 \bar{x} = 130 - 5 \times 14 = 60$$

于是,估计的回归方程为

$$\hat{y} = 60 + 5x$$

2. 系数的置信区间

总体回归直线为

$$Y = \beta_0 + \beta_1 X + \varepsilon$$

它是对 X 和 Y 之间真实关系的最佳线性近似。

最小二乘回归直线为

$$\hat{Y} = \hat{\beta}_0 + \hat{\beta}_1 X$$

标准误差可用于计算系数的置信区间,95% 置信区间被定义为一个取值范围:该范围有 95% 的概率会包含系数的真实值。对于简单线性回归模型,β_1 的 95% 置信区间约为

$\hat{\beta}_1 \pm 2.SE(\hat{\beta}_1)$;$\beta_0$ 的 95% 置信区间约为 $\hat{\beta}_0 \pm 2.SE(\hat{\beta}_0)$。

3. 回归模型准确性评价(拟合效果检验)

简单线性回归分析时,一旦我们拒绝零假设,并倾向于接受备择假设,就会很自然地想要量化模型拟合数据的程度。判断线性回归的拟合质量通常使用两个指标:均方误差(MSE)和 R^2。

(1)均方误差

为评价统计学习方法对某个数据集的效果,需要一些方法评测模型的预测结果与实际观测数据在结果上的一致性。对一个给定的观测,需要定量测量预测的响应值与真实响应值之间的接近程度。在回归中,最常用的评价准则是均方误差 (MSE),其表达式如下所示:

$$\text{MSE}=\frac{1}{n}\sum_{i=1}^{n}(y_i-\hat{f}(x_i))^2$$

其中,$\hat{f}(x_i)$是第 i 个观测点上 $\hat{f}$ 的预测值。如果预测的响应值与真实的响应值很接近,则均方误差会非常小;若预测的响应值与真实的响应值存在实质上的差别,则均方误差会非常大。

(2)判定系数 R^2

判定系数是估计的回归方程拟合优度的度量,它测量的是 Y 的变异中能被 X 解释的部分所占比例,反映了样本数据聚集在样本回归直线周围的密集程度,各样本观测点与样本回归直线靠的越紧,判定系数越大,直线拟合的越好。

R^2 最大值为 1,最小值为 0。R^2 的值越接近 1,说明回归直线对观测值的拟合程度越好;反之,R^2 的值越小(最小为 0),说明回归直线对观测值的拟合程度越差;若所有观测值都落在回归直线上,则 R^2=1,拟合是完全的,模型具有完全解释能力。通常情况下,观测值都是部分落在回归直线上,即 $0<R^2<1$。

判定系数乘以 100, 等于能被估计的回归方程解释的因变量变异性的百分数。例如:R^2=0.226, 表示变量 Y 的变异性中有 22.6% 是由 X 引起的 (能被估计的回归方程所解释)。

$$\text{判定系数 } R^2=\frac{\text{SSR}}{\text{SST}}$$

①误差平方和

$$\text{SSE}=\sum(y_i-\hat{y}_i)^2$$

②总平方和(总变差)

$$\text{SST}=\sum(y_i-\bar{y})^2$$

③回归平方和

$$\text{SSR}=\sum(\hat{y}_i-\bar{y})^2 \qquad \text{SST}=\text{SSR}+\text{SSE}$$

4. 系数与模型的假设检验

(1)t 检验

t 检验用来检验回归系数的显著性。简单线性回归模型 $y=\beta_0+\beta_1x+\varepsilon$,如果 x 和 y 线性相关,一定有$\beta_1 \neq 0$, t 检验的目的就是看是否可以得出结论$\beta_1 \neq 0$。

假设,

$H_0: \beta_1 = 0$

$H_a: \beta_1 \neq 0$

如果 H_0 被拒绝,我们将得出$\beta_1 \neq 0$和两个变量之间存在统计上显著相关的结论;如果不能拒绝 H_0,我们将没有足够的证据得出两个变量之间存在统计上显著相关的证据。

P 值用于说明回归系数的显著性，如果 $P \leq \alpha$，拒绝斜率和截距为 0 的零假设 H_0。其中，α 为显著性水平,一般为 0.05、0.01、0.001。

(2) F 检验

F 检验用来检验回归方程线性关系的显著性。

在仅有一个自变量的情况下,F 检验将得出与 t 检验同样的结论，如果 t 检验表明变量之间存在一个显著的关系,F 检验结果也表明变量之间存在一个显著的关系。

如果 $P \leq \alpha$,拒绝 x 和 y 没有相关关系的零假设 H_0,P 值越小,回归方程线性关系越显著。α 为显著性水平,一般为 0.05、0.01、0.001。

5. 残差、标准化残差与学生化残差

(1)残差(residual)

残差反映了用估计的回归方程预测因变量 y 时引起的误差。残差等于因变量的观测值 y_i 和因变量的预测值 $\hat{y}_i$ 的差值,用 e_i 表示:

$$e_i = y_i - \hat{y}_i \text{。}$$

第 i 次观测的残差是因变量的观测值 y_i 与它的预测值 $\hat{y}_i$ 之差 $y_i - \hat{y}_i$,换言之,第 i 次观测的残差是利用估计的回归方程去预测因变量的值 $\hat{y}_i$ 产生的误差。

(2)标准化残差(standardized residual)

标准化残差又叫内学生化残差,是残差的标准化形式。

一个随机变量，减去它的平均值，再除以它的标准差就得到了一个标准化的随机变量。

由于残差的平均值为 0,每个残差只要除以它的标准差,就得到了标准化残差。

残差平方和　$SSE = \sum (y_i - \hat{y}_i)^2$

均方误差　$MSE = \dfrac{SSE}{n}$

估计的标准误差　$s = \sqrt{MSE}$

估计的标准误差,是随机误差项 ε 的标准差 σ 的估计。

第 i 次观测的杠杆率　$h_i = \dfrac{1}{n} + \dfrac{(x_i - x)^2}{\sum (x_i - x)^2}$

第 i 个残差的标准差　$s_{y_i - \hat{y}_i} = s\sqrt{1 - h_i}$

第 i 次观测的标准化残差　$ZRE_i = \dfrac{y_i - \hat{y}_i}{s_{y_i - \hat{y}_i}}$

如果误差项服从正态分布的这一假定成立,则标准化残差的分布也服从正态分布。大约有 95% 的标准化残差为 -2~2,标准化残差的绝对值大于 3,就是离群值。

(3)学生化残差

学生化残差又叫 T 化残差或外学生化残差。由于普通残差(residual)标准化后并不服从标准正态分布而是 T 分布,故 T 化残差是删除第 i 个样本数据后由余下的数据计算的残差。

学生化残差:$SRE_i=\frac{e_i}{\hat{\delta}\sqrt{1-h_{ii}}}$,$h_{ii}$ 为杠杆值。

6. 残差图

常用残差图包括预测变量 - 残差图和拟合值 - 残差图。

(1)预测变量 - 残差图(图 5-1~ 图 5-3)

用横轴表示预测变量,纵轴表示对应残差,每个预测变量的值与对应的残差用图上的一个点来表示,这种图形适用于简单线性回归。

如果对所有的 x, ε 的方差都是相同的,残差与拟合值相关性不显著,残差图所有的散点都应随机分布在直线 y=0 两侧,呈水平带状,说明描述变量 x 和 y 之间关系的回归模型没有异方差性。

如果对所有的 x, ε的方差是不相同的,对于较大的 x,回归线的变异性也增大,这种情况下就违背了 ε 的同方差假定。

如果对所有的 x, ε 的方差不同,误差项的方差随 x 值的增加而增加,违背了 ε 的方差相等的假设,说明误差项方差非恒定或存在异方差性。

解决方案:对响应变量 y 做正态化变换,比如取 y 的对数或平方根,这种变换使得较大的响应值有更大的收缩,降低了异方差性。

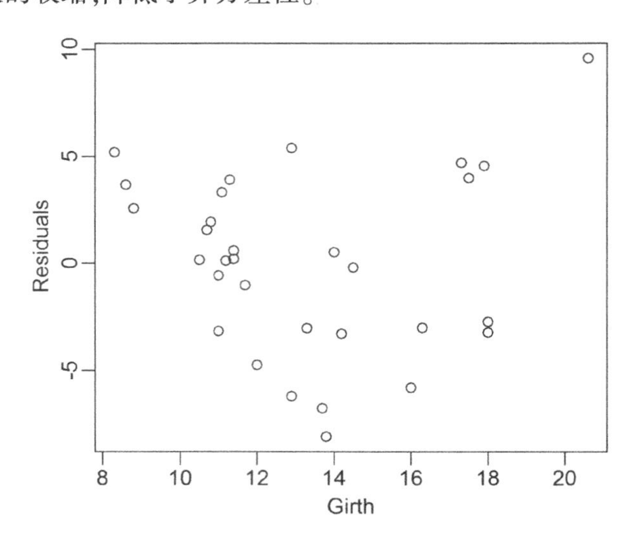

图 5-1　预测变量Girth-残差图

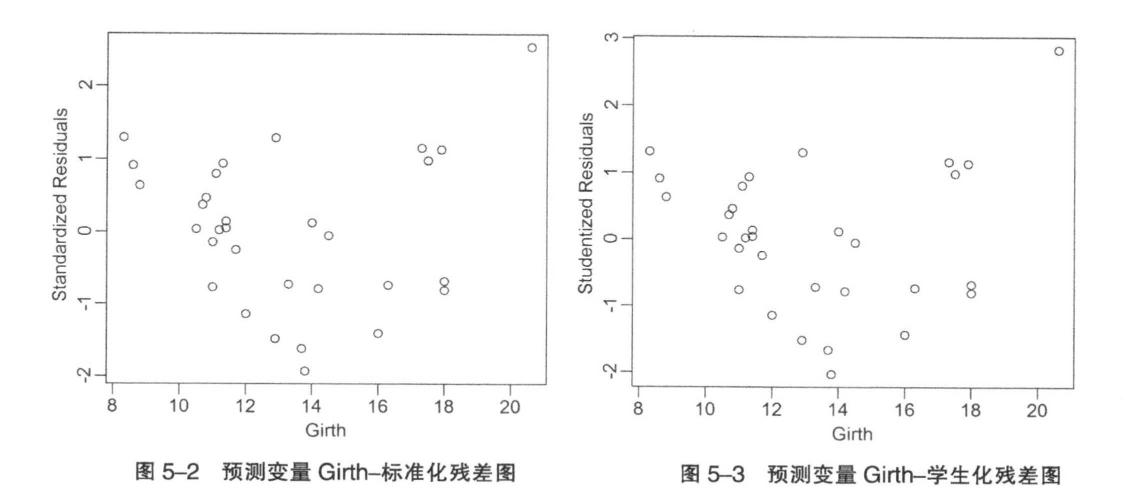

图 5–2　预测变量 Girth–标准化残差图　　图 5–3　预测变量 Girth–学生化残差图

(2)拟合值 - 残差图(图 5-4~图 5-6)

用横轴表示拟合值,纵轴表示对应残差,每个拟合值与对应的残差用图上的一个点来表示。这种图形适用于简单线性回归或多元线性回归。

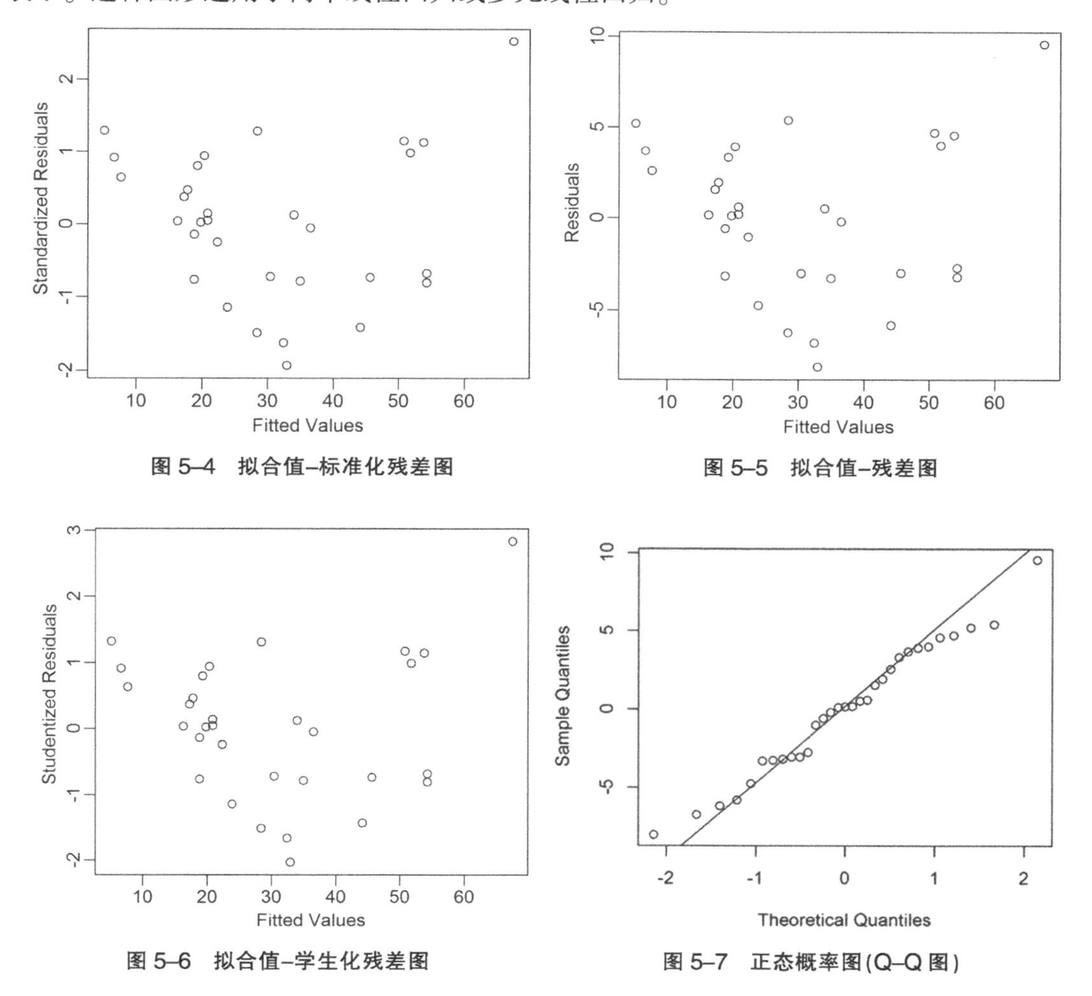

图 5–4　拟合值–标准化残差图　　图 5–5　拟合值–残差图

图 5–6　拟合值–学生化残差图　　图 5–7　正态概率图(Q–Q 图)

(3)正态概率图(Q-Q 图)(图 5-7)

用横轴表示正态分数,纵轴表示对应的标准化残差,制作一张散点图。如果标准化残差近似服从正态分布,图上的散点应该密集围绕在通过坐标轴原点的倾斜角为 45°的直线附近。

如果这些散点相对于 45° 直线有较大弯曲,说明标准化残差不服从正态分布。

7. 异常观测值

(1)离群点(outlier)

①标准化残差大于 3 的 y 值,称为离群点。

②离群点可能是错误的数据,尚若如此,应考虑修正或删除。

③也可能是由于模型选择不合适,尚若如此,应考虑其他模型。

④也可能是由于随机因素的影响产生的不同寻常的数值,这种情形应该保留。

标准化残差(standardized residual)使残差具有可比性,若标准化残差的绝对值>3,相应的观测值即可判定为离群点。

(2)强影响点(influential observation)

强影响点是对模型的参数估计值有些比例失衡的点(即移除某一个强影响点,则会使模型的参数发生很大的变动,这样的点,使得模型的稳健性大打折扣),强影响点是由于大的残差和高杠杆值的交互作用而产生的。

在线性模型里用库克(Cook)距离分析一个点是否为强影响点,一般来说 Cook 距离大于 1.0 的点表明是强影响点。Cook 距离 $D_i=\frac{(y_i-\hat{y}_i)^2}{(p+1)s^2}\left[\frac{h_i}{(1-h_i)^2}\right]$,式中,$y_i-\hat{y}_i$为残差,$p$ 为自变量个数,h_i 为杠杆值,s 为估计的标准偏差。

相对于离群点和高杠杆点,强影响点对数据分析的影响最大。一个强影响点,可能是一个离群点,也可能是一个高杠杆点,或者兼而有之。如果强影响点属于数据采集造成的错误,应该修正。如果是有效的,应该保留。

(3)高杠杆点(high leverage point)

杠杆值可以被看作是一组自变量的数值距离整个数据集平均值的偏差,偏差越大,杠杆值越大。高杠杆点对模型的拟合影响很大,值得关注。

判断高杠杆点的方法,是计算点的帽子统计量,若该点的帽子统计量大于帽子统计量均值的 2 或 3 倍,通常被认为是高杠杆点。

对于只有一个自变量的情形,用 h_i 表示第 i 次观测的杠杆率:

$$h_i=\frac{1}{n}+\frac{(x_i-\bar{x})^2}{\sum(x_i-\bar{x})^2}$$

$$\bar{h}=\frac{(k+1)}{n}$$

8. 异方差

(1)异方差的后果

模型一旦出现异方差性,如果仍采用 OLS 估计模型参数,会产生下列不良后果。

①参数估计量不再是有效估计量

模型中存在异方差时,OLS估计量仍具有线性和无偏性,但不再具有最小方差性。因为最小方差性的证明过程利用了同方差假定。

②变量的显著性检验失去意义

t统计量是建立在正确估计了参数标准差的基础之上,如果出现异方差,估计的参数标准差出现偏大或偏小,t检验失去意义。

③模型的预测失效

(2)异方差的检验

bptest()

ncvTest()

(3)异方差的消除

在应用 OLS 方法之前要对模型的异方差性进行检验,如果存在异方差,对因变量进行最佳幂变换,降低其变化程度,有助于消除异方差。

9. 应用估计的回归方程进行预测

①预测值用$\hat{y}$表示,它是$E(y)$的一个点估计。

②**注意:**一般情形下,在自变量x取值范围以外进行预测应十分小心谨慎!除非我们有理由相信,超出x取值范围,模型仍是适宜的。

③在$x_i=\bar{x}$时,置信区间和预测区间的宽度最小,得到y的估计量最精确。

④计算y的置信区间和预测区间时,要设置置信水平。

预测值的置信区间(confidence interval)。预测值的预测区间(prediction interval)。置信区间是对于一个给定的x,y的平均值的区间估计,是对于一个给定的x,y的单个值的区间估计。

置信区间是对平均响应值的不确定性量化。预测区间是对单个响应值的不确定性进行量化。置信区间和预测区间有相同的中心点,但后者要宽得多。

第二节 R实例

1. 简单线性回归方程的拟合

拟合一个简单线性回归方程,用lm()函数。基本句法是 lm ($y \sim x$) ,其中y是响应变量,x是预测变量。

(1)拟合没有截距项的简单线性回归方程

拟合没有截距项的简单线性回归方程即拟合过原点的回归方程,在语句中添加"-1":

library(ISLR)# 加载包含数据集 Auto 的 R 包 ISLR。

lm (mpg~weight-1,data=Auto)# 用数据集 Auto 中的变量 mpg 和 weight 拟合回归方程。

```
##
## Call:
```

```
## lm(formula = mpg ~ weight - 1, data = Auto)
##
## Coefficients:
##   weight
## 0.006709
```

(2)拟合包含截距项的线性回归方程(以 R 语言内置数据集 trees 为例)

```
attach(trees) # 加载数据集 trees
fit<- lm(Volume ~ Girth,data = trees)
summary(fit)
## Call:
## lm(formula = Volume ~ Girth, data = trees)
##
## Residuals:
##    Min     1Q Median     3Q    Max
## -8.065 -3.107  0.152  3.495  9.587
##
## Coefficients:
##              Estimate Std. Error t value Pr(>|t|)
## (Intercept) -36.9435     3.3651  -10.98 7.62e-12 ***
## Girth         5.0659     0.2474   20.48  < 2e-16 ***
## ---
## Signif. codes:  0 '***' 0.001 '**' 0.01 '*' 0.05 '.' 0.1 ' ' 1
##
## Residual standard error: 4.252 on 29 degrees of freedom
## Multiple R-squared:  0.9353, Adjusted R-squared:  0.9331
## F-statistic: 419.4 on 1 and 29 DF,  p-value: < 2.2e-16
```

2. 回归结果的统计学描述

(1)Call

```
lm(formula = Volume ~ Girth, data = trees)
```

其中,formula 指要拟合的模型形式,data 是一个数据框,包含了用于拟合模型的数据。对于简单线性回归,formula 为 y~x,~ 左边为响应变量,右边为预测变量。

若表达式为 y ~ x - 1 ,表示删除截距项,强制直线通过原点。

(2)Residuals

残差统计量

(3)Coefficients

Estimate:系数估计(第一行是截距,第二行是斜率)

Std.Error:回归系数标准误差(第一行是斜率的标准误差,第二行是截距的标准误差)

t value:t 值

Pr(>|t|):P 值,用于说明回归系数的显著性,从理论上说,如果一个变量的系数是 0,那么该变量是无意义的,它对模型毫无贡献。然而,这里显示的系数只是估计,它们不会正好为 0。t 检验的目的,就是从统计的角度判定系数为 0 的可能性有多大。

可以通过 P 值与我们预设的 0.05 进行比较,来判定对应的解释变量的显著性,检验的原假设是:该系数为 0;若 $P<0.05$,则拒绝原假设。

一般来说,$P<0.05$,表示 5% 显著水平;$P<0.01$,表示 1% 显著水平;$P<0.001$,表示 0.1% 显著水平。

(4)Multiple R-squared 和 Adjusted R-squared

这两个值分别称之为"拟合优度"和"修正的拟合优度",指回归方程对样本的拟合程度,当然是越高越好。

一元线性回归看 Multiple R-squared,多元线性回归看 Adjusted R-squared。

(5)F-statistic

F 检验,检验回归方程的显著性;

$P<0.05$,可以认为回归方程在 0.05 的水平上通过了显著性检验。

在一元线性回归中,因为只有一个自变量,t 检验结果显著,F 检验结果就显著;

在多元线性回归中,如果 F 检验结果不显著,即使有个别自变量的 t 检验结果显著,也无济于事。

3. 从拟合的回归方程中提取部分结果

(1)提取截距和斜率

```
coef (fit)# fit<- lm (Volume ~ Girth,data = trees) ,coef (fit)为coefficients(fit)的简写形式
## (Intercept)        Girth
##  -36.943459    5.065856
```

(2)系数估计值的置信区间

```
confint(fit) # 默认 level = 0.95,99%时用 confint(fit,level = 0.99)
##                  2.5 %     97.5 %
## (Intercept) -43.825953 -30.060965
## Girth         4.559914   5.571799
```

(3)预测值的置信区间

```
predict(fit,data.frame(Girth=(c(8.6,11.2,12))),interval="confidence")
##         fit       lwr       upr
## 1  6.622906  3.799685  9.446127
## 2 19.794133 17.919676 21.668589
## 3 23.846818 22.162043 25.531593
```

(4)预测值的预测区间

```
predict(fit,data.frame(Girth=(c(8.6,11.2,12))),interval="prediction")
##         fit       lwr      upr
## 1  6.622906 -2.520182 15.76599
```

```
## 2 19.794133 10.898119 28.69015
## 3 23.846818 14.988831 32.70481
```

(5)单点预测

```
predict(fit,data.frame(Girth =8.6))
##        1
## 6.622906
```

(6)向量预测

```
predict(fit,data.frame(Girth =(c(8.6,11.2,12))))
##         1         2         3
##  6.622906 19.794133 23.846818
```

(7)由拟合模型计算每个预测变量的响应值

```
fitted(fit)
##         1         2         3         4         5         6         7         8
##  5.103149  6.622906  7.636077 16.248033 17.261205 17.767790 18.780962 18.780962
##         9        10        11        12        13        14        15        16
## 19.287547 19.794133 20.300718 20.807304 20.807304 22.327061 23.846818 28.406089
##        17        18        19        20        21        22        23        24
## 28.406089 30.432431 32.458774 32.965360 33.978531 34.991702 36.511459 44.110244
##        25        26        27        28        29        30        31
## 45.630001 50.695857 51.709028 53.735371 54.241956 54.241956 67.413183
```

下列命令中①~④的输出结果相同。

①fit$fitted;②fit$fitted.values;③predict(fit);④fitted(fit);⑤fit$fitted.values[order(x)]# 按自变量大小对拟合值排序。

(8)拟合模型的残差

残差 e_i 是因变量的观测值 y_i 与根据估计的回归方程求出的预测值 $\hat{y}_i$ 之差，是随机误差项 ε_i 的估计值。残差反映了用估计的回归方程去预测 y_i 而引起的误差。随机误差项 ε_i 是因变量的观测值 y_i 与总体回归方程求出的预测值之差。

利用residuals( )调用回归模型的残差,括号内为回归模型的名称。

```
residuals(fit) # 简写格式 resid(fit)
##          1          2          3          4          5          6          7
##  5.1968508  3.6770939  2.5639226  0.1519667  1.5387954  1.9322098 -3.1809615
##          8          9         10         11         12         13         14
## -0.5809615  3.3124528  0.1058672  3.8992815  0.1926959  0.5926959 -1.0270610
##         15         16         17         18         19         20         21
## -4.7468179 -6.2060887  5.3939113 -3.0324313 -6.7587739 -8.0653595  0.5214692
##         22         23         24         25         26         27         28
## -3.2917021 -0.2114590 -5.8102436 -3.0300006  4.7041430  3.9909717  4.5646292
##         29         30         31
```

```
## -2.7419565 -3.2419565  9.5868168
```

(9)学生化残差($SRE_i=\frac{e_i}{\hat{\delta}\sqrt{1-h_{ii}}}$，$h_{ii}$ 为杠杆值)

```
rstudent(fit)
##           1           2           3           4           5           6
##  1.31557278  0.91165148  0.62868269  0.03618103  0.36653703  0.46047073
##           7           8           9          10          11          12
## -0.76171800 -0.13774522  0.79326485  0.02505445  0.93646637  0.04554150
##          13          14          15          16          17          18
##  0.14012089 -0.24254305 -1.14397583 -1.51694101  1.30536686 -0.71890721
##          19          20          21          22          23          24
## -1.66507300 -2.03043980  0.12265438 -0.78292491 -0.04981346 -1.43318713
##          25          26          27          28          29          30
## -0.73053555  1.16550985  0.98530448  1.14096071 -0.67663367 -0.80263451
##          31
##  2.83773229
```

(10) 标准化残差(残差除以残差的标准差)

```
rstandard(fit)
##           1           2           3           4           5           6
##  1.29930490  0.91431779  0.63534221  0.03682059  0.37213320  0.46685695
##           7           8           9          10          11          12
## -0.76729166 -0.14013591  0.79838447  0.02549764  0.93845916  0.04634589
##          13          14          15          16          17          18
##  0.14255113 -0.24657729 -1.13793568 -1.48401545  1.28980554 -0.72497200
##          19          20          21          22          23          24
## -1.61640846 -1.92922638  0.12479190 -0.78820218 -0.05069294 -1.40783116
##          25          26          27          28          29          30
## -0.73648082  1.15837362  0.98580048  1.13506989 -0.68304873 -0.80760372
##          31
##  2.54507964
```

(11)输出赤池信息统计量

```
AIC(fit)
## [1] 181.6447
```

(12)判定系数 R^2

```
summary(fit)$r.squared
## [1] 0.9353199
```

(13)回归系数

```
summary(fit)$coefficients
```

```
##                  Estimate Std. Error   t value     Pr(>|t|)
## (Intercept) -36.943459   3.365145 -10.97827 7.621449e-12
## Girth         5.065856   0.247377  20.47829 8.644334e-19
```

(14)残差平方和

```
deviance(fit)
## [1] 524.3025
```

4. 回归诊断图(图 5-8)

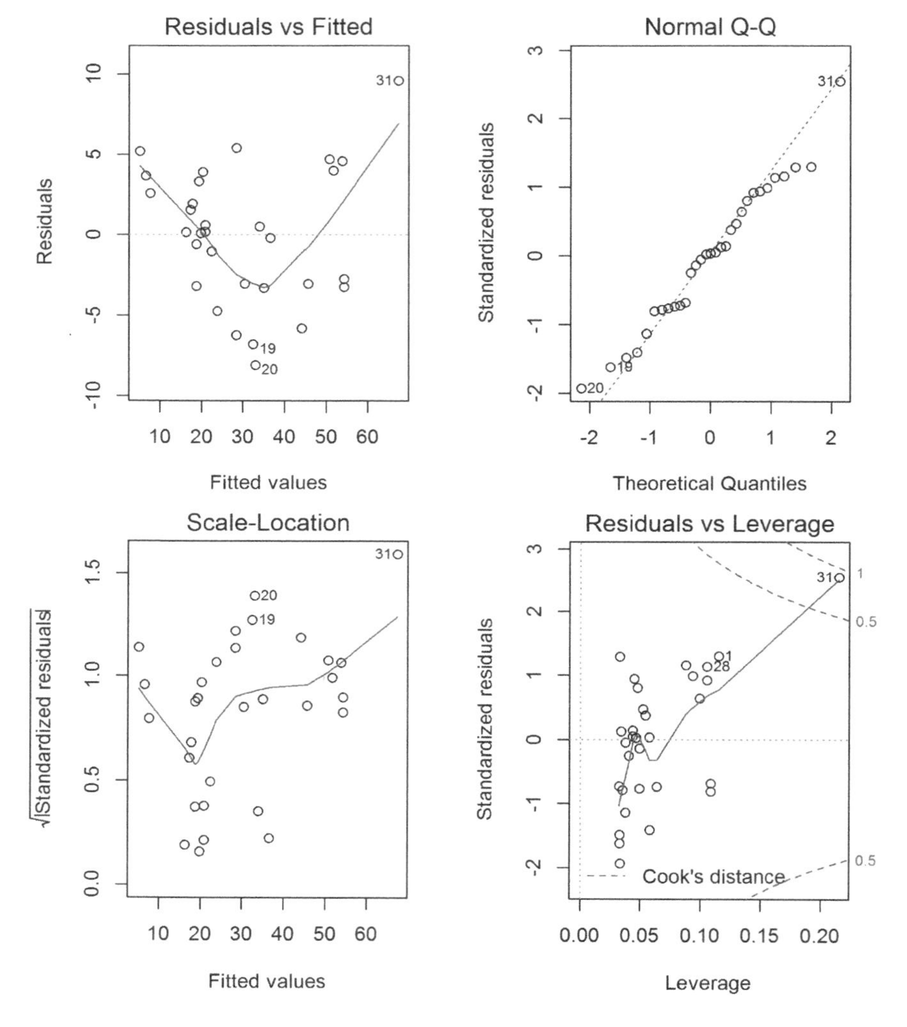

图 5-8 回归诊断图

```
attach(trees) # 加载数据集 trees
fit <- lm(Volume ~ Girth,data = trees)
par(mfrow=c(2,2))# 图形排列 2*2
plot(fit)
```

(1)残差 - 拟合值图

该图位于回归诊断图的左上方,由图所示,对所有的拟合值,随机误差项 ε 的方差不同,随机误差项的方差随响应值的增加而增加,违背了 ε 的方差相等的假设。说明误差项方差存在异方差性。

解决方案:对响应变量 y 做变换,比如 $\log y$。这种变换使得较大的响应值有更大的收缩,降低了异方差性。

(2)正态概率图(Q-Q 图)

该图位于诊断图的右上方,正态概率图检查残差是否服从正态分布,如果服从正态分布, 正态概率图上的点分布在一条直线上。如果点呈 S 形或者香蕉形,说明残差不服从正态分布。

(3)标准化残差 - 拟合值图

该图位于诊断图的左下方,x 轴和第一幅图相同, 但 y 轴变成了学生化残差绝对值的平方根。

(4)标准化残差 - 杠杆图

该图位于诊断图的右下方。y 轴是标准化残差,x 轴是杠杆值,还给出了响应变量每个观测值的 Cook 距离。

欲输出单幅回归诊断图, 需要加选项 which=1、which=2、which=3、which=4、which=5、which=6 等,例如:

```
plot(fit,which=5)
```

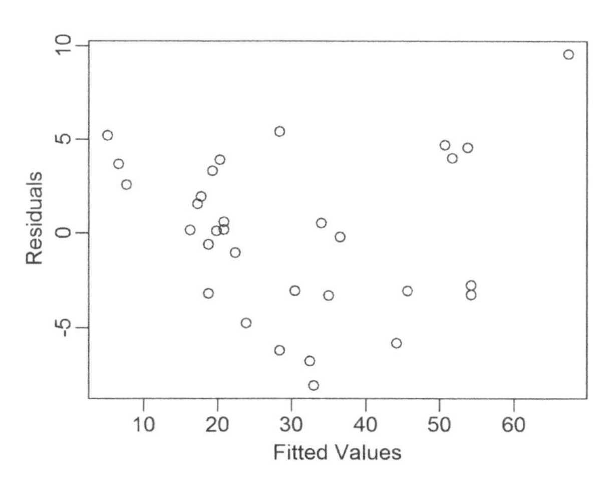

图 5-9 残差-拟合值图

5. 残差图

(1)拟合值为 x 轴(图 5-9~ 图 5-11)

```
attach(trees)
fit<-lm(Volume ~ Girth,data = trees)
pre<-fitted.values(fit) #fitted value;拟合值
res<-residuals(fit) # 调用回归模型的残差
```

```
plot(pre, res, xlab="Fitted Values", ylab="Residuals")
fit<-lm(Volume ~ Girth,data = trees)
pre<-fitted.values(fit) #fitted value;拟合值
rst<-rstandard(fit) # 调用回归模型标准化残差
plot(pre, rst, xlab="Fitted Values", ylab=" Standardized Residuals")
attach(trees)
fit<-lm(Volume ~ Girth,data = trees)
pre<-fitted.values(fit) #fitted value;拟合值
rstu<-rstudent(fit) # 调用回归模型学生化残差
plot(pre, rstu, xlab="Fitted Values", ylab=" Studentized Residual")
```

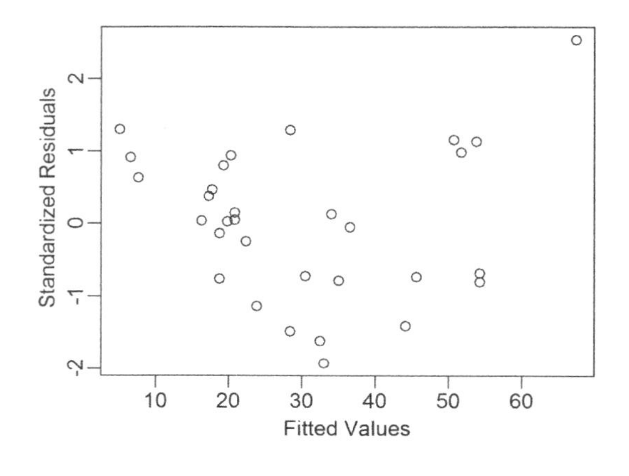

图 5–10 标准化残差–拟合值图

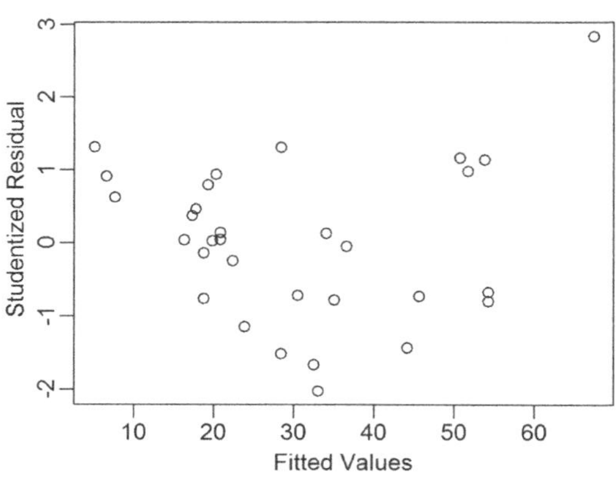

图 5–11 学生化化残差–拟合值图

(2)自变量为 x 轴(图 5-12~ 图 5-14)

```
attach(trees)
fit<-lm(Volume ~ Girth,data = trees)
res<-residuals(fit) # 调用回归模型的残差
rst<-rstandard(fit) # 调用回归模型标准化残差
rstu<-rstudent(fit) # 调用回归模型学生化残差
plot(Girth, res, xlab=" Girth ", ylab="Residuals")
plot(Girth, rstu, xlab=" Girth ", ylab=" Studentized Residual")
plot(Girth, rst, xlab=" Girth ", ylab=" Standardized Residuals")
```

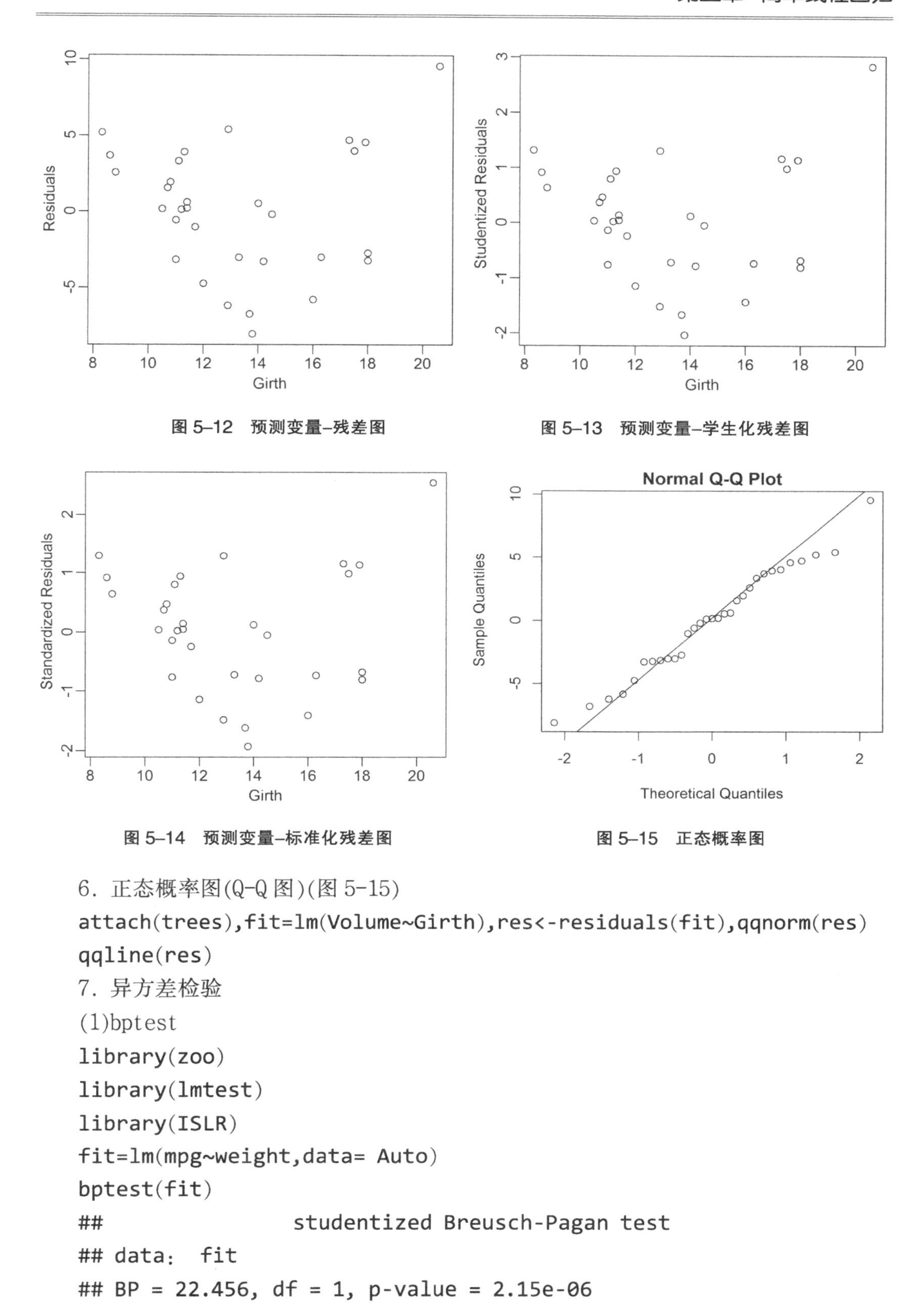

图 5–12　预测变量–残差图

图 5–13　预测变量–学生化残差图

图 5–14　预测变量–标准化残差图

图 5–15　正态概率图

6. 正态概率图(Q-Q 图)(图 5-15)

```
attach(trees),fit=lm(Volume~Girth),res<-residuals(fit),qqnorm(res)
qqline(res)
```

7. 异方差检验

(1)bptest

```
library(zoo)
library(lmtest)
library(ISLR)
fit=lm(mpg~weight,data= Auto)
bptest(fit)
##                  studentized Breusch-Pagan test
## data:  fit
## BP = 22.456, df = 1, p-value = 2.15e-06
```

(2) ncvTest

ncvTest() 函数生成一个计分检验,零假设为误差方差不变,备择假设为误差方差随着拟合值水平的变化而变化。若检验显著,则说明存在异方差性。

```
library(car)
library(carData)
library(ISLR)
fit=lm(mpg~weight,data= Auto)
ncvTest(fit)
## Non-constant Variance Score Test
## Variance formula: ~ fitted.values
## Chisquare = 36.49908, Df = 1, p = 1.5274e-09
```

在给定显著性水平 0.05 的情况下,检验的 P 值都小于 0.05,因此可以拒绝残差的方差是恒定的零假设,并推断出异方差确实存在。

8. 异常值检验

异常值也叫离群点,学生化残差绝对值 >3,即为异常值。对离群点的处理,一般会选择删除,删除离群点还有利于提高数据集对于正态分布假设的拟合度。

outlierTest()函数测试单个最大(正或负)学生化残差作为异常值的显著性。

9. 高杠杆点

杠杆值可以用 hatvalues()命令计算。杠杆值可以被看作是一组自变量的数值距离整个数据集平均值的偏差,偏差越大,杠杆值越大。高杠杆点对模型的拟合影响很大值得关注。

10. 强影响点

用 Cook 距离判断一个点是否为强影响点, 一般来说 Cook 距离大于 0.5 的点就需要引起注意了。

#car 包的 influencePlot()函数,可以将离群点、杆杠值、强影响点整合到一幅图形中。

```
library(ISLR)
library(carData)
library(car)
fit=lm(mpg~weight,data=Auto)
influencePlot(fit)
```

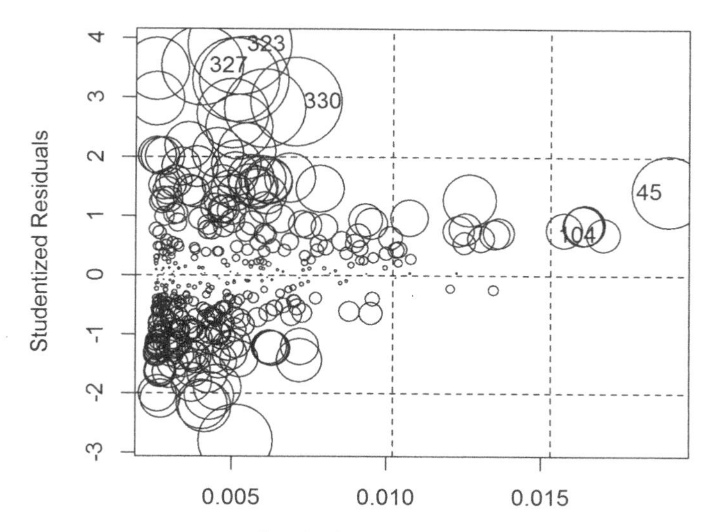

图 5–16　离群点、杆杠值、强影响点诊断图

```
##          StudRes         Hat       CookD
## 45   1.4212694 0.019126822 0.019643479
## 104  0.6972702 0.017007003 0.004211357
## 323  3.8913931 0.005219226 0.038334392
## 327  3.5289663 0.004014734 0.024383619
## 330  2.9305589 0.007058088 0.029940929
```

11. 线性模型假设的综合检验

```
attach(trees)
fit=lm(Volume~Girth)
library(gvlma)
## Warning: package 'gvlma' was built under R version 4.0.3
gvlma(fit)
##
## Call:
## lm(formula = Volume ~ Girth)
##
## Coefficients:
## (Intercept)        Girth
##     -36.943        5.066
##
##
## ASSESSMENT OF THE LINEAR MODEL ASSUMPTIONS
## USING THE GLOBAL TEST ON 4 DEGREES-OF-FREEDOM:
## Level of Significance =  0.05
```

```
##
## Call:
##  gvlma(x = fit)
##
##                        Value  p-value                   Decision
## Global Stat        16.133479 0.002845 Assumptions NOT satisfied!
## Skewness            0.003935 0.949979    Assumptions acceptable.
## Kurtosis            0.378308 0.538510    Assumptions acceptable.
## Link Function      12.589169 0.000388 Assumptions NOT satisfied!
## Heteroscedasticity  3.162066 0.075368    Assumptions acceptable.
```

12. 子集回归

```
library(ISLR)
attach(Auto)
fit1=lm(mpg~weight,data=Auto)# 全部数据
summary(fit1)
## Call:
## lm(formula = mpg ~ weight, data = Auto)
##
## Residuals:
##      Min       1Q   Median       3Q      Max
## -11.9736  -2.7556  -0.3358   2.1379  16.5194
##
## Coefficients:
##              Estimate Std. Error t value Pr(>|t|)
## (Intercept) 46.216524   0.798673   57.87   <2e-16 ***
## weight      -0.007647   0.000258  -29.64   <2e-16 ***
## ---
## Signif. codes:  0 '***' 0.001 '**' 0.01 '*' 0.05 '.' 0.1 ' ' 1
##
## Residual standard error: 4.333 on 390 degrees of freedom
## Multiple R-squared:  0.6926, Adjusted R-squared:  0.6918
## F-statistic: 878.8 on 1 and 390 DF,  p-value: < 2.2e-16
fit2=lm(mpg~weight,data=Auto[1:100,])# 前100行数据
summary(fit2)
## Call:
## lm(formula = mpg ~ weight, data = Auto[1:100, ])
##
## Residuals:
```

```
##      Min       1Q  Median      3Q     Max
## -5.7637 -1.5365 -0.0965  1.2414  7.0185
## Coefficients:
##                  Estimate Std. Error t value Pr(>|t|)
## (Intercept) 36.9803465  0.7971393   46.39   <2e-16 ***
## weight      -0.0055790  0.0002296  -24.29   <2e-16 ***
## ---
## Signif. codes:  0 '***' 0.001 '**' 0.01 '*' 0.05 '.' 0.1 ' ' 1
##
## Residual standard error: 2.191 on 98 degrees of freedom
## Multiple R-squared:  0.8576, Adjusted R-squared:  0.8562
## F-statistic: 590.2 on 1 and 98 DF,  p-value: < 2.2e-16
fit3=lm(mpg~weight,data=subset(Auto,origin==1))# origin==1 的数据
summary(fit3)
## Call:
## lm(formula = mpg ~ weight, data = subset(Auto, origin == 1))
##
## Residuals:
##      Min       1Q  Median      3Q     Max
## -8.4282 -2.0471 -0.0174  1.9461 15.5163
## Coefficients:
##                  Estimate Std. Error t value Pr(>|t|)
## (Intercept) 43.1484685  0.9583780   45.02   <2e-16 ***
## weight      -0.0068540  0.0002766  -24.78   <2e-16 ***
## ---
## Signif. codes:  0 '***' 0.001 '**' 0.01 '*' 0.05 '.' 0.1 ' ' 1
##
## Residual standard error: 3.437 on 243 degrees of freedom
## Multiple R-squared:  0.7164, Adjusted R-squared:  0.7153
## F-statistic: 613.9 on 1 and 243 DF,  p-value: < 2.2e-16
```

13. 稳健回归

离群值对线性回归的结果影响很大，直接剔除离群值不太合适。稳健回归（robust regression），通过对数据中各样本赋予不同的权重来减小离群值对回归方程的影响，可以作为最小二乘法的替代。

模拟两个样本量为 100 的具有线性相关关系的变量 x 和 y，然后在此基础上增加 3 个离群值(加入三个离群值后，变量仍服从正态分布)，用 R 语言观察离群值对回归方程的影响。

```
set.seed(2019) #设定随机种子
```

```
x=rnorm(100) # 生成自变量 x 与因变量 y
y=x+1+rnorm(n=100,mean = 0, sd = 0.5)
x=c(x,-3+rnorm(3,sd = 0.3)) # 增加 3 个离群值
y=c(y,rep(2,3))
plot(x,y) # 作散点图,并标注离群点
points(x[101：103],y[101：103],col=2,pch=16)
# 包含离群点在内的数据做线性回归,并添加拟合线(图 5-17)
ols=lm(y~x)
abline(ols)
```

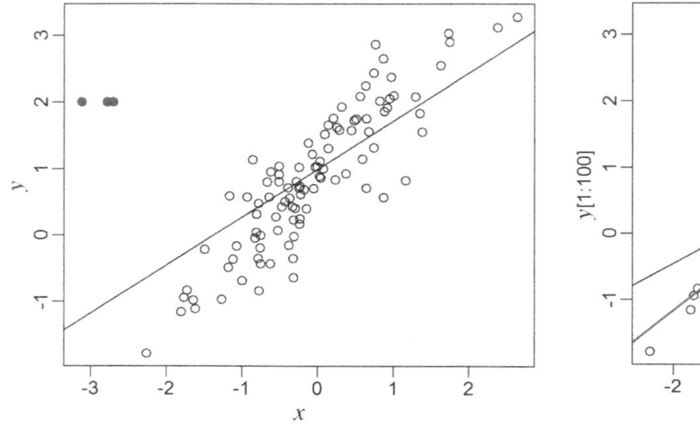

图 5–17 包含离群点数据的散点图和拟合线

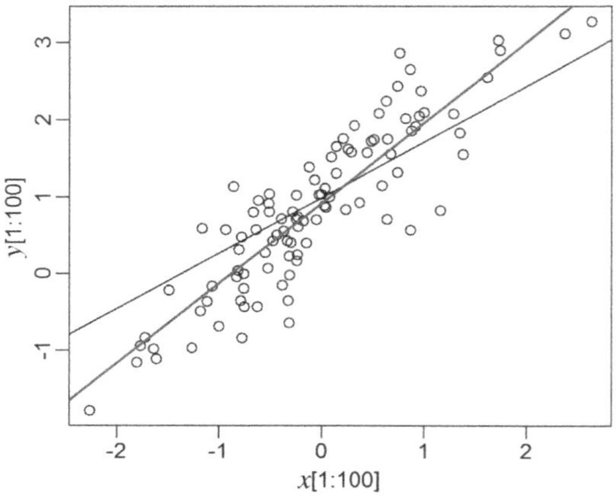

图 5–18 剔除离群点数据散点图和拟合线

```
ols0=lm(y[1：100]~x[1：100]) # 剔除离群点后的数据做线性回归,并添加拟合线
(图 5-18)
plot(y[1：100]~x[1：100]),abline(ols)
abline(ols0,col=4,lwd=2)
plot(ols,which=4), abline(h=0.5,col="red")#(图 5-19)
```

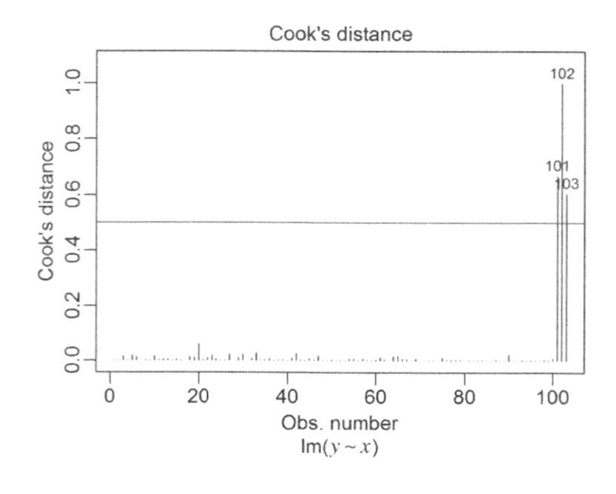

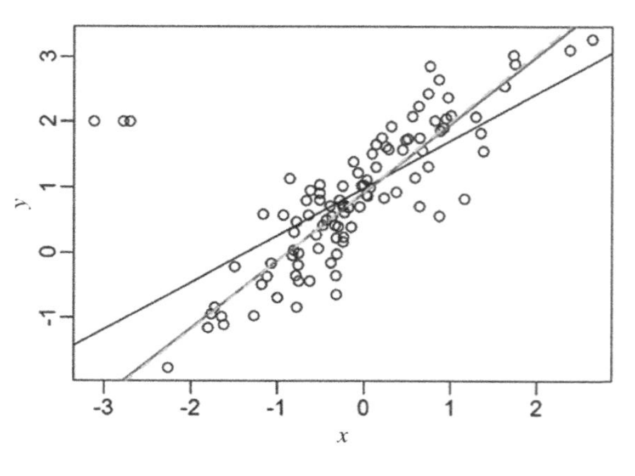

图 5–19 Cook 距离图

图 5–20 稳健回归

对未剔除离群点的数据进行稳健回归(图 5-20)。

```
library(MASS) # 加载 R 包
olsr=rlm(y ~ x, psi = psi.bisquare)
plot(y ~ x),abline(ols)
abline(ols0,col=4,lwd=2)
abline(olsr,col="green",lty=2,lwd=2)
olsr$w# 查看各样本的权重
##[1] 0.9452233 0.9046188 0.9892507 0.9999750 0.8938944 0.8264410 0.9514595
##[8] 0.9746893 0.9361051 0.5388194 0.9341584 0.9967565 0.9955759 0.9589748
##[15] 0.8528439 0.9449103 0.9999973 0.9999982 0.7156575 0.9655500 0.9585519
##[22] 0.9403335 0.5052423 0.7664161 0.9800030 0.9398375 0.9890093 0.9956324
##[29] 0.9268804 0.9613260 0.8641668 0.8612687 0.6081324 0.8581055 0.9962659
##[36] 0.8448191 0.9999981 0.9402555 0.7400287 0.9995431 0.9987343 0.9749881
##[43] 0.9191458 0.9999487 0.7363033 0.8763722 0.7859055 0.9818076 0.9979484
##[50] 0.9542381 0.9897408 0.9989018 0.9921258 0.8919808 0.6091677 0.9675295
##[57] 0.9317722 0.9955207 0.9918379 0.9836161 0.8938911 0.9648637 0.9900336
##[64] 0.9950090 0.7091848 0.9905114 0.8701731 0.9857955 0.8939510 0.9993653
##[71] 0.9934494 0.9423638 0.9894365 0.9029476 0.9599442 0.8889697 0.9967917
##[78] 0.8831747 0.9729397 0.9990331 0.9995293 0.9535658 0.9828478 0.9512918
##[85] 0.9982061 0.9634692 0.9129755 0.9960016 0.9998249 0.4738358 0.9973277
##[92] 0.8877548 0.9996799 0.9849195 0.9563155 0.9941289 0.9982059 0.9935761
##[99] 0.8454449 0.8366806 0.0000000 0.0000000 0.0000000
```

人为添加的 3 个离群点被赋予了 0 权重,而其他 100 个点都在 0.9 左右,而在最小二乘法中,所有样本点的权重都为 1。

14. 因变量正态化变换

(1)原始数据简单线性回归(图 5-21)

```
library(ISLR)# 加载包含数据集 Auto 的 R 包 ISLR。
fit<-lm(mpg~weight,data=Auto)# 用数据集 Auto 中的变量 mpg 和 weight 拟合回归方程。
summary(fit)
## Call:
## lm(formula = mpg ~ weight, data = Auto)
## Residuals:
##       Min        1Q    Median        3Q       Max
## -11.9736   -2.7556   -0.3358    2.1379   16.5194
##
## Coefficients:
##                  Estimate Std. Error t value Pr(>|t|)
```

```
## (Intercept) 46.216524   0.798673   57.87   <2e-16 ***
## weight      -0.007647   0.000258  -29.64   <2e-16 ***
## ---
## Signif. codes:  0 '***' 0.001 '**' 0.01 '*' 0.05 '.' 0.1 ' ' 1
##
## Residual standard error: 4.333 on 390 degrees of freedom
## Multiple R-squared:  0.6926, Adjusted R-squared:  0.6918
## F-statistic: 878.8 on 1 and 390 DF,  p-value: < 2.2e-16
plot(mpg~weight,data=Auto)
abline(fit,col="red",lwd=3)
```

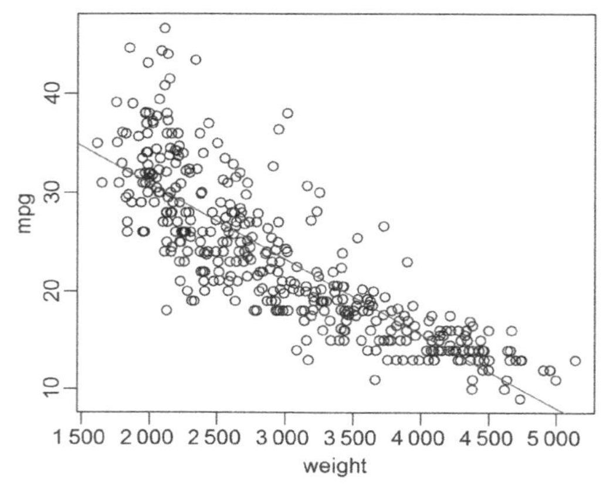

图 5-21 原始数据散点图和拟合线

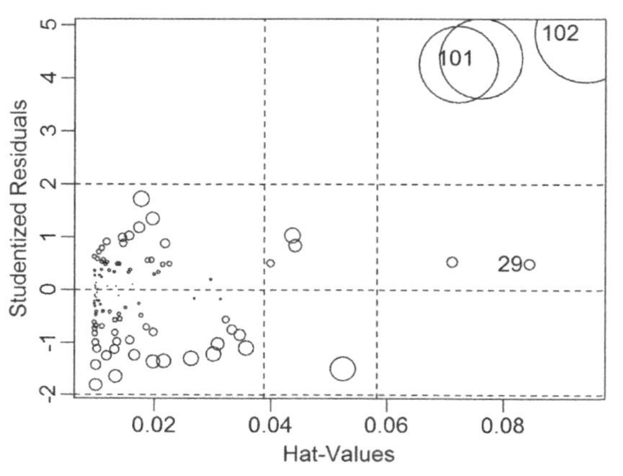

图 5-22 离群点、杆杠值、强影响点诊断图

```
library(carData);library(car);influencePlot(fit)#(图 5-22)
##        StudRes         Hat       CookD
## 45  1.4212694 0.019126822 0.019643479
## 104 0.6972702 0.017007003 0.004211357
## 323 3.8913931 0.005219226 0.038334392
## 327 3.5289663 0.004014734 0.024383619
## 330 2.9305589 0.007058088 0.029940929
ncvTest(fit)# 异方差检验(若 P< 0.05,则拒绝残差的方差是恒定的零假设)
## Non-constant Variance Score Test
## Variance formula: ~ fitted.values
## Chisquare = 36.49908, Df = 1, p = 1.5274e-09
```

结论:$P<0.05$,拒绝残差的方差是恒定的零假设

(2)因变量 mpg 对数变换后的回归及诊断结果(图 5-23)

```
library(ISLR)# 调用数据集 Auto 需要加载 ISLR 包
mpg2<-log(Auto$mpg)
fit2<-lm(mpg2~weight,data=Auto)# 用变量 mpg2 和 weight 拟合回归方程。
```

```
summary(fit2)
## Call:
## lm(formula = mpg2 ~ weight, data = Auto)
##
## Residuals:
##       Min        1Q    Median        3Q       Max
## -0.50716 -0.09966 -0.00621  0.09973  0.55239
##
## Coefficients:
##                Estimate Std. Error t value Pr(>|t|)
## (Intercept)  4.142e+00  3.031e-02  136.66   <2e-16 ***
## weight      -3.505e-04  9.790e-06  -35.81   <2e-16 ***
## ---
## Signif. codes:  0 '***' 0.001 '**' 0.01 '*' 0.05 '.' 0.1 ' ' 1
##
## Residual standard error: 0.1644 on 390 degrees of freedom
## Multiple R-squared:  0.7668, Adjusted R-squared:  0.7662
## F-statistic:  1282 on 1 and 390 DF,  p-value: < 2.2e-16
plot(mpg2~weight,data=Auto)
abline(fit2,col="red",lwd=3)
```

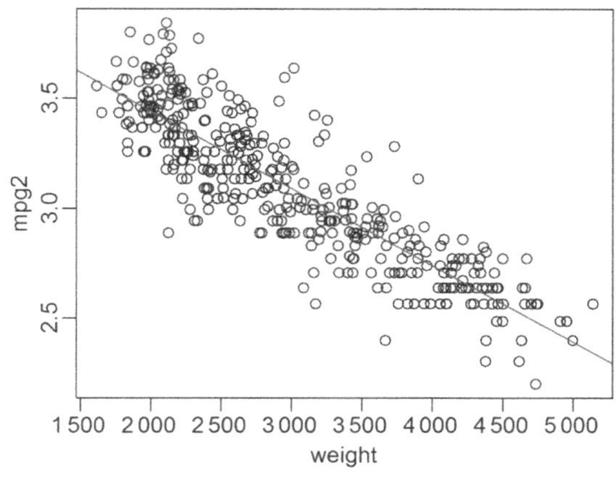

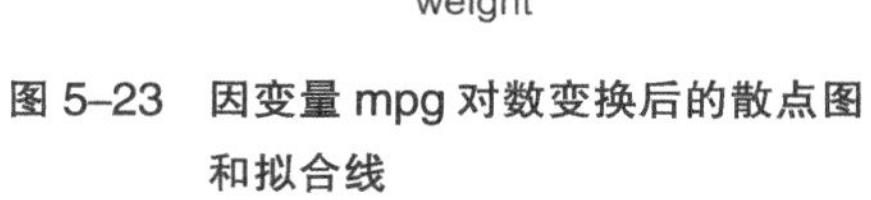
图 5-23 因变量 mpg 对数变换后的散点图和拟合线

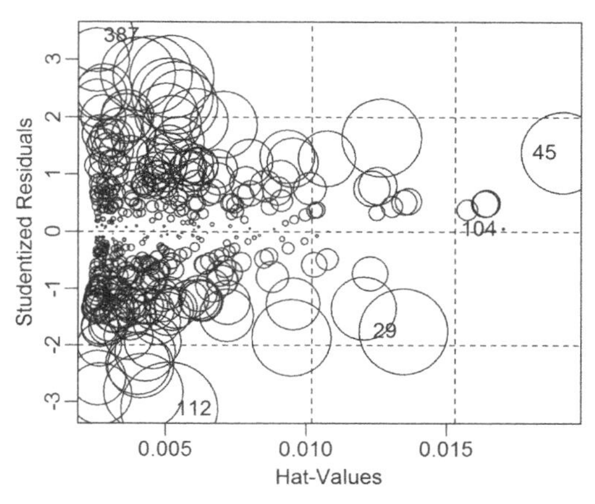

图 5-24 因变量 mpg 对数变换后的离群点、杆杠值、强影响点诊断图

```
library(carData);library(car);influencePlot(fit2)#(图 5-24)
```

判断高杠杆点的方法,是计算点的帽子统计量,若该点的帽子统计量大于帽子统计量均值的 2 或 3 倍,通常被认为是高杠杆点(上图从左向右第一条竖直虚线为 2 倍帽子统计量均值线,从左向右第二条竖直虚线为 3 倍帽子统计量均值线)。

强影响点是指对统计推断有影响的点,一般用 cook 距离进行判断,若 cook 距离的值大于 0.5,表明是强影响点。

离群点:学生化残差超过 +3 或者 -3 的点被认为是离群点。对离群点的处理,一般会选择删除,删除离群点还有利于提高数据集对于正态分布假设的拟合度。

```
##          StudRes         Hat        CookD
## 29  -1.75636761 0.013461936 2.093529e-02
## 45   1.38125864 0.019126822 1.855838e-02
## 104  0.04587464 0.017007003 1.825179e-05
## 112 -3.12701612 0.005133809 2.467394e-02
## 387  3.40931124 0.002555983 1.449776e-02
ncvTest(fit2)# 异方差检验(若 P< 0.05,则拒绝残差的方差是恒定的零假设)
## Non-constant Variance Score Test
## Variance formula: ~ fitted.values
## Chisquare = 3.315012, Df = 1, p = 0.06865
```

结论:$P>0.05$,不能拒绝残差的方差是恒定的零假设。

(3) 对因变量 mpg 进行 Box-Cox 变换 (gg_boxcox 函数) 后的回归及诊断结果 (图 5-25,图 5-26)

```
library( MASS)
library(lindia)
library(ISLR)# 加载包含数据集 Auto 的 R 包 ISLR
attach(Auto)
fit<-lm(mpg~weight,data=Auto)
gg_diagnose(fit)
## `stat_bin()` using `bins = 30`. Pick better value with `binwidth`.
## `geom_smooth()` using formula 'y ~ x'
## `geom_smooth()` using formula 'y ~ x'
gg_boxcox(fit)# 求最佳 Lambda 值
mpg3<-((mpg)^(-0.3)-1)/(-0.3)
fit3<-lm(mpg3~weight,data=Auto)# 用变量 mpg3 和 weight 拟合回归方程。
summary(fit3)
##
## Call:
## lm(formula = mpg3 ~ weight, data = Auto)
##
## Residuals:
##       Min        1Q    Median        3Q       Max
## -0.203954 -0.038095 -0.000823  0.040494  0.208704
##
## Coefficients:
```

```
##                  Estimate Std. Error t value Pr(>|t|)
## (Intercept)  2.431e+00  1.180e-02  206.01   <2e-16 ***
## weight      -1.411e-04  3.811e-06  -37.03   <2e-16 ***
## ---
## Signif. codes:  0 '***' 0.001 '**' 0.01 '*' 0.05 '.' 0.1 ' ' 1
##
## Residual standard error: 0.06401 on 390 degrees of freedom
## Multiple R-squared:  0.7785, Adjusted R-squared:  0.778
## F-statistic:  1371 on 1 and 390 DF,  p-value: < 2.2e-16
plot(mpg3~weight,data=Auto)
```

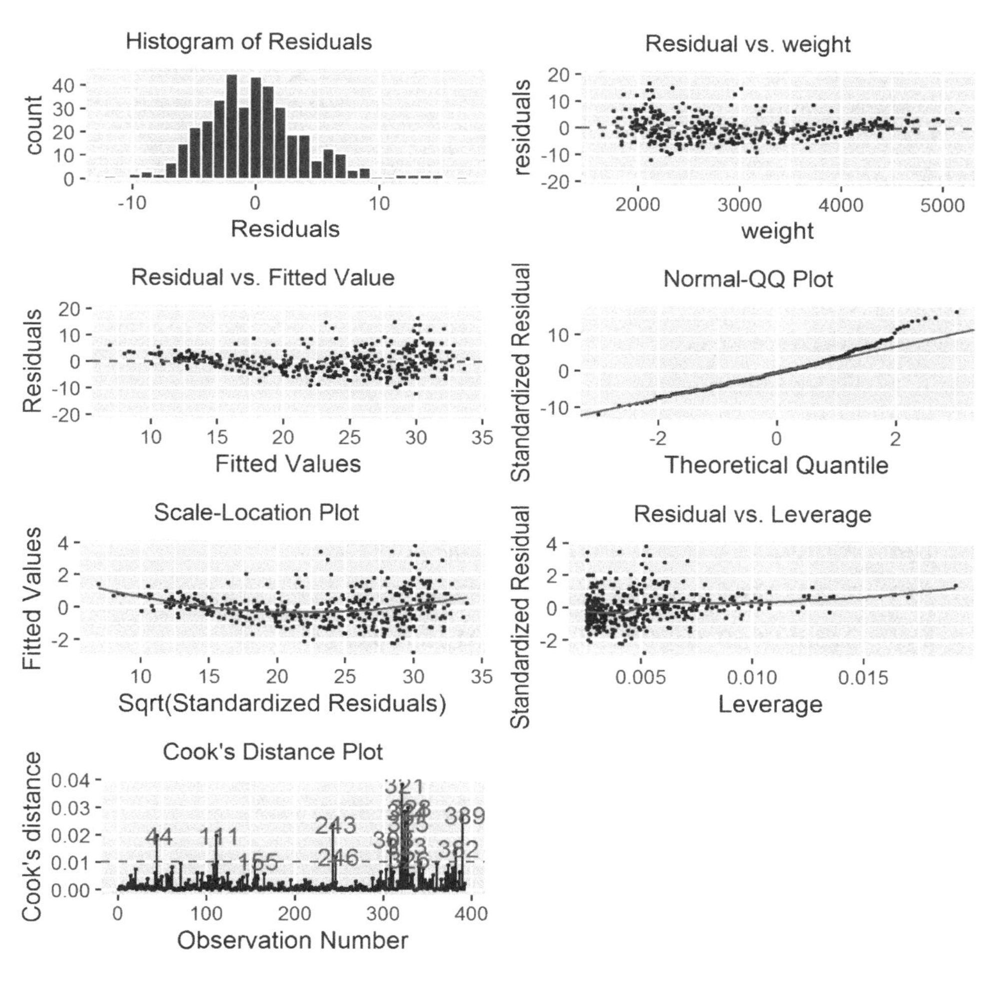

图 5-25　因变量 mpg 进行 Box-Cox 变换(gg_boxcox 函数)后的回归及诊断结果

```
abline(fit3,col="red",lwd=3)#(图 5-26)
```

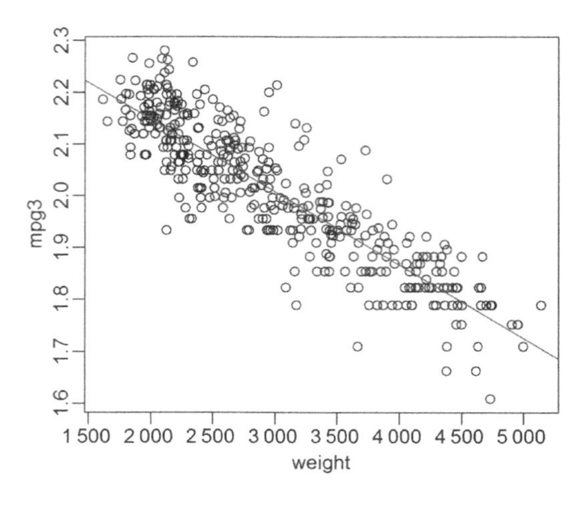

图 5-26 因变量 mpg 进行 Box-Cox 变换后的散点图和拟合线

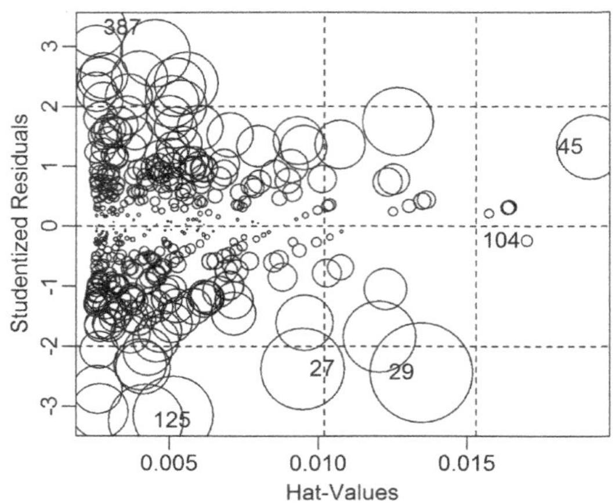

图 5-27 因变量 mpg 进行 Box-Cox 变换后的离群点、杆杠值、强影响点诊断图

#influencePlot()函数,可以将离群点、杆杠值、强影响点整合到一幅图形中(图 5-27)。

```
library(carData)
library(car)
influencePlot(fit3)
##          StudRes         Hat        CookD
## 27  -2.3776452 0.009483183 0.0267427085
## 29  -2.4373241 0.013461936 0.0400242427
## 45   1.3213488 0.019126822 0.0169904562
## 104 -0.2494843 0.017007003 0.0005397334
## 125 -3.2314466 0.004221229 0.0216097932
## 387  3.3059669 0.002555983 0.0136558171
ncvTest(fit3)# 异方差检验(若 P< 0.05,则拒绝残差的方差是恒定的零假设)
## Non-constant Variance Score Test
## Variance formula: ~ fitted.values
## Chisquare = 0.002249049, Df = 1, p = 0.96218
gg_diagnose(fit3)#(图 5-28)
## `stat_bin()` using `bins = 30`. Pick better value with `binwidth`.
## `geom_smooth()` using formula 'y ~ x'
```

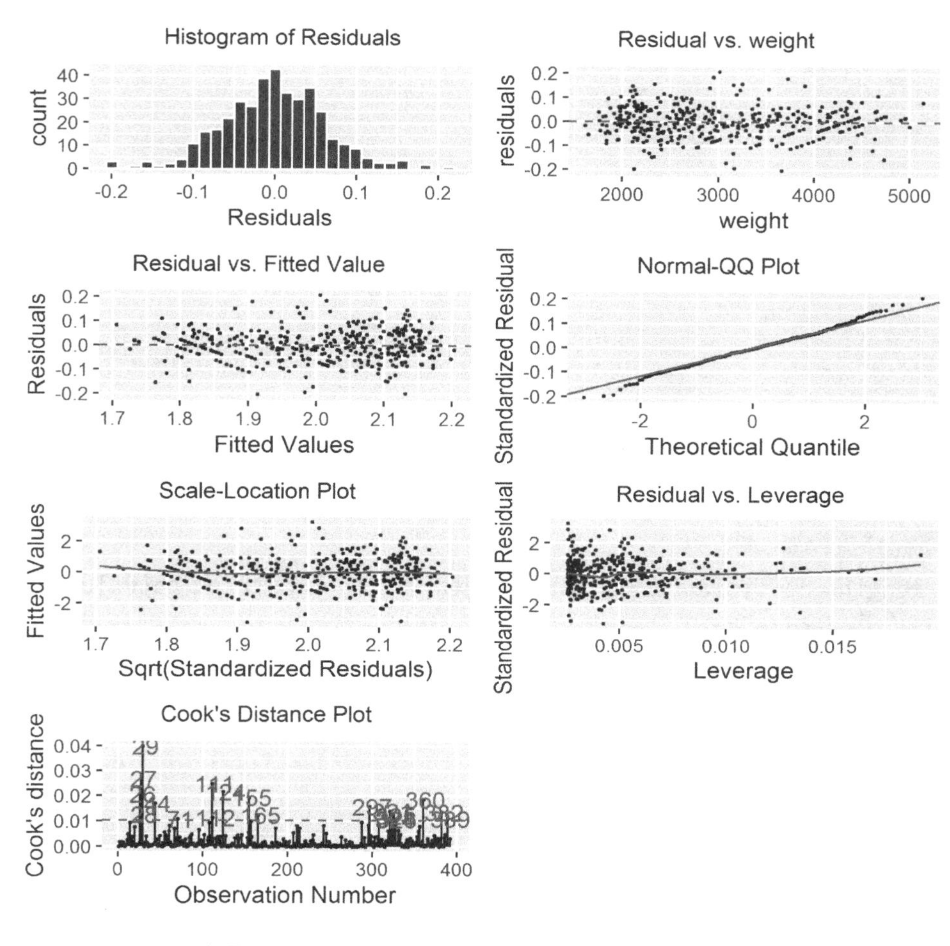

图 5-28　因变量 mpg 进行 Box-Cox 变换(gg_boxcox 函数)后的回归及诊断结果

15. 回归模型异常值、强影响值和高杠杆率值的检验

```
set.seed(2019) #设定随机种子
x=rnorm(100) #生成自变量 x 与因变量 y
y=x+1+rnorm(n=100,mean = 0, sd = 0.5)
x=c(x,-3+rnorm(3,sd = 0.3)) #增加 3 个离群值
y=c(y,rep(2,3))
plot(x,y) #作散点图,并标注离群点
points(x[101:103],y[101:103],col=2,pch=16)
#包含离群点在内的数据做线性回归,并添加拟合线(图 5-29)
fit=lm(y~x)
abline(fit)
```

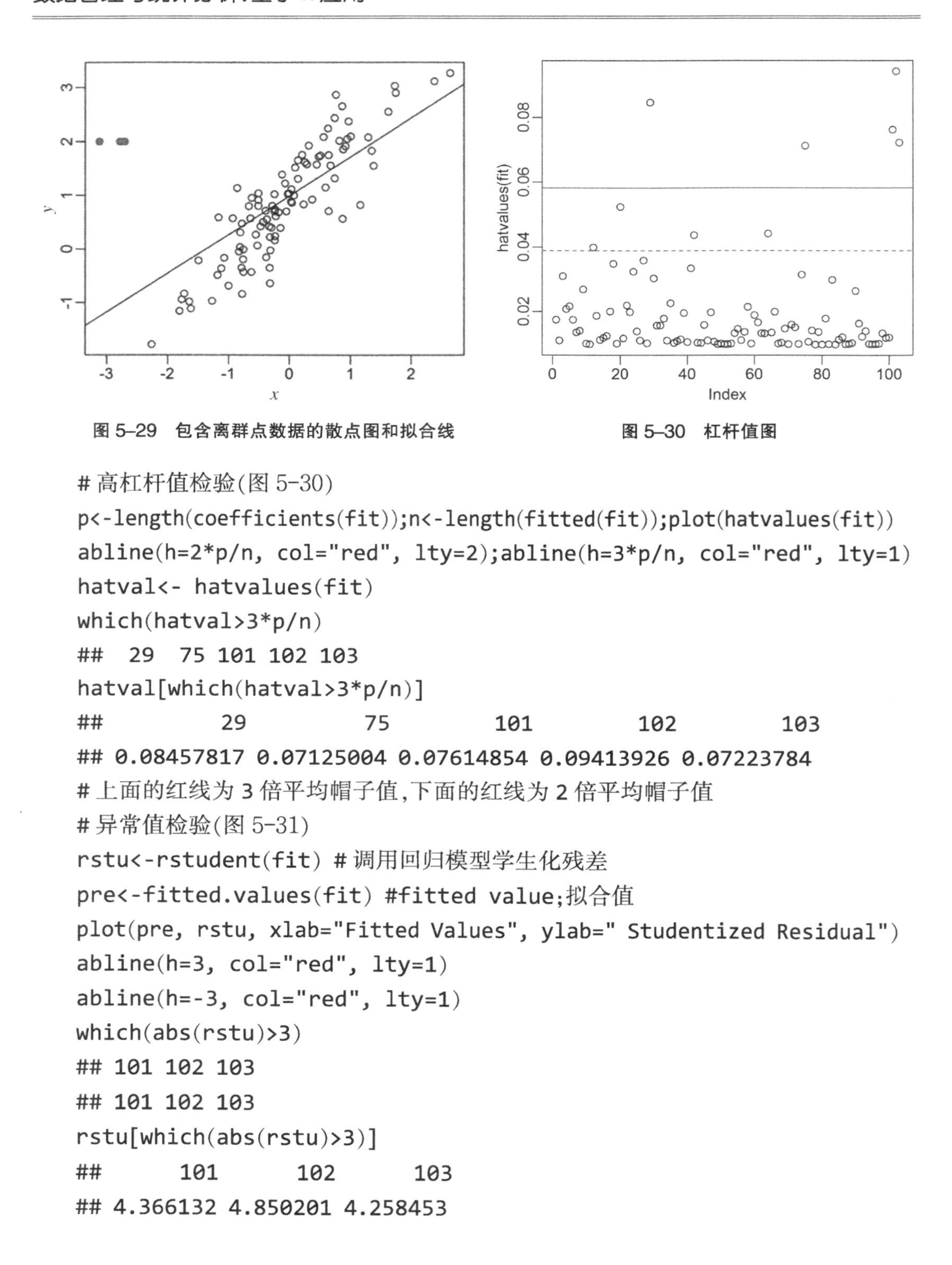

图 5-29 包含离群点数据的散点图和拟合线

图 5-30 杠杆值图

```
# 高杠杆值检验(图 5-30)
p<-length(coefficients(fit));n<-length(fitted(fit));plot(hatvalues(fit))
abline(h=2*p/n, col="red", lty=2);abline(h=3*p/n, col="red", lty=1)
hatval<- hatvalues(fit)
which(hatval>3*p/n)
##  29  75 101 102 103
hatval[which(hatval>3*p/n)]
##         29         75        101        102        103
## 0.08457817 0.07125004 0.07614854 0.09413926 0.07223784
# 上面的红线为 3 倍平均帽子值,下面的红线为 2 倍平均帽子值
# 异常值检验(图 5-31)
rstu<-rstudent(fit) # 调用回归模型学生化残差
pre<-fitted.values(fit) #fitted value;拟合值
plot(pre, rstu, xlab="Fitted Values", ylab=" Studentized Residual")
abline(h=3, col="red", lty=1)
abline(h=-3, col="red", lty=1)
which(abs(rstu)>3)
## 101 102 103
## 101 102 103
rstu[which(abs(rstu)>3)]
##      101      102      103
## 4.366132 4.850201 4.258453
```

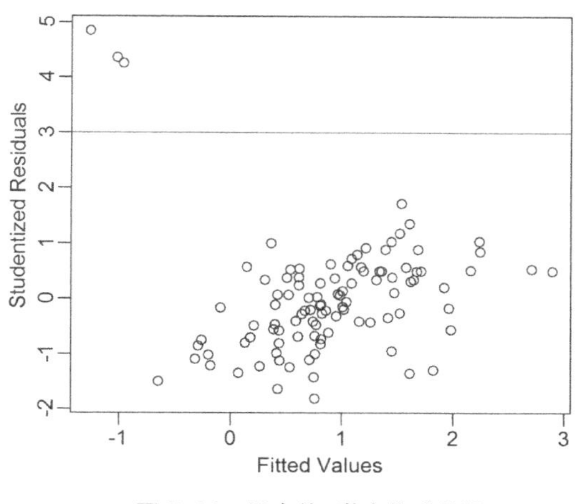

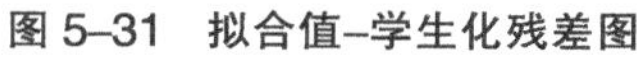
图 5-31 拟合值-学生化残差图

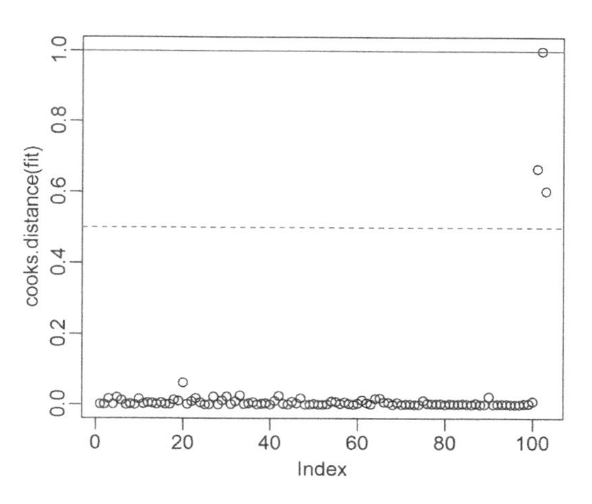

图 5-32 库克距离图

```
#强影响值检验(图 5-32)
plot(cooks.distance(fit))
abline(h=0.5, col="red", lty=2)
abline(h=1, col="red", lty=1)
cook<- cooks.distance(fit)
which(cook>0.5)
## 101 102 103
## 101 102 103
cook[which(cook>0.5)]
##       101       102       103
## 0.6664496 0.9994644 0.6035965
```

第六章 多元线性回归

第一节 概 论

一般情况下,假设有 p 个不同的预测变量。则多元线性回归模型的形式为

$$Y=\beta_0+\beta_1X_1+\beta_2X_2+\cdots+\beta_jX_j+\cdots+\beta_pX_p+\varepsilon$$

式中,X_j 代表第 j 个预测变量,β_j 代表第 j 个预测变量和响应变量之间的关联。β_j 可解释为在所有其他预测变量保持不变的情况下,X_j 增加一个单位对 Y 产生的平均变化。

一、估计回归系数

与简单线性回归中的情况类似,回归系数 $\beta_0,\beta_1,\beta_2,\cdots,\beta_p$ 是未知的,需要进行估计。对于给定的 $\hat{\beta}_0,\hat{\beta}_1,\hat{\beta}_2,\cdots,\hat{\beta}_p$,可以用如下公式进行预测:

$$\hat{y}=\hat{\beta}_0+\hat{\beta}_1X_1+\hat{\beta}_2X_2+\cdots+\hat{\beta}_pX_p+\varepsilon$$

多元线性回归中的参数用最小二乘法估计,选择 $\beta_0,\beta_1,\beta_2,\cdots,\beta_p$,使残差平方和最小。

二、响应变量和预测变量之间关系的显著性检验

在有 p 个预测变量的多元回归模型中,我们要问的是所有的回归系数是否均为零,即 $\beta_1=\beta_2=\cdots=\beta_p=0$ 是否成立,用假设检验回答这个问题。

零假设 $H_0:\beta_1=\beta_2=\cdots=\beta_p=0$

备择假设 H_a:至少有一个 β_j 不为 0

这个假设检验需要计算 F 统计量。

三、衡量模型拟合优劣的指标

两个最常见的衡量模型拟合优劣的指标是 RSE 和 R^2(方差的解释比例),若 R^2 值接近 1 ,则表明该模型能解释响应变量的大部分方差。

四、误差项之间相关

误差项之间的相关关系经常出现在时间序列数据,即在离散时间点测量得到的观测构成的数据中。很多情况下,在相邻的时间点获得的观测的误差有正相关关系。为了确定某一给定的数据集是否有这种问题,可以根据模型绘制作为时间函数的残差。如果误差项

不相关,那么图中应该没有明显的规律。另一方面,如果误差项是正相关的,那么可能在残差中看到跟踪现象,也就是说,相邻的残差可能有类似的值。

一般情况下,假设误差项不相关对线性回归和其他的统计方法来说是非常重要的,要降低误差项自相关带来的风险,良好的实验设计是至关重要的。

五、误差项方差非恒定

线性回归模型的另一个重要假设是误差项的方差是恒定的，线性模型中的假设检验和标准误差、置信区间的计算都依赖于这一假设。

然而,通常情况下,误差项的方差不是恒定的。例如,误差项的方差可能会随响应值的增加而增加。如果残差图呈漏斗形，说明误差项方差非恒定或存在异方差性(heteroscedasticity)。

在面对这样的问题时，一个可能的解决方案是对响应值 y 做变换，比如 $\log Y$ 和 $\sqrt{Y}$ 。这种变换使得较大的响应值有更大的收缩,降低了异方差性。

六、离群点

离群点是指 y_i 远离模型预测值的点。产生离群点的可能原因有很多,如数据收集过程中对某个观测点的错误记录。

图 6-1 中的实心圆点是 3 个典型的离群点。实线是最小二乘回归拟合线。

学生化残差图可以用来识别离群点,学生化残差绝对值大于 3 的观测点可能是离群点。

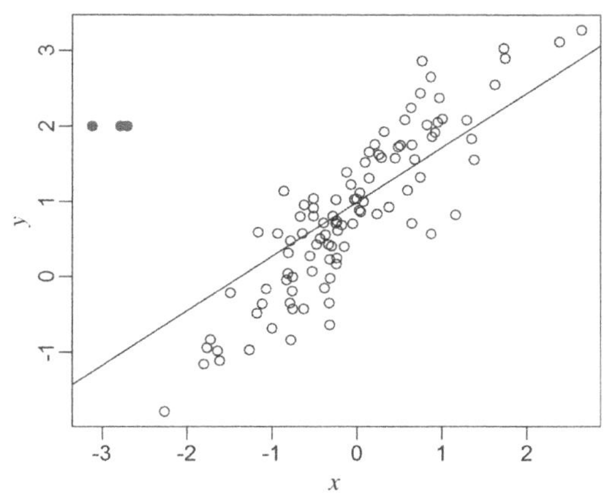

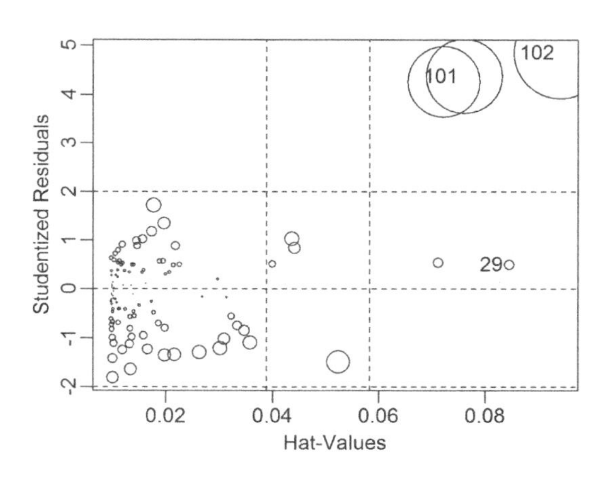

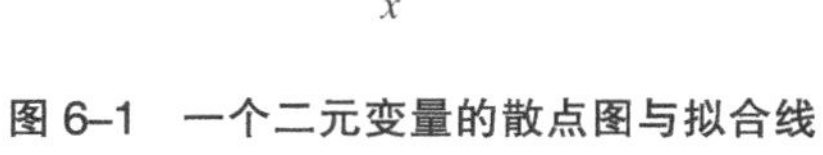

图 6-1 一个二元变量的散点图与拟合线

图 6-2 拟合值–学生化残差图

图 6-2 最右侧第 101、102 个观察点的学生化残差大于 3,其他所有观测的学生化残差均为 -2~2。如果能确信某个离群点是由数据采集或记录中的错误导致的,那么一个解决方案是直接删除此观测点。但是我们应该小心,因为一个离群点可能不是由失误导致的,而是暗示模型存在缺陷,比如缺少预测变量。

七、高杠杆点

高杠杆点表示观测点 x_i 是异常的。

高杠杆的观测往往对回归直线的估计有很大的影响。如果一些观测对最小二乘线有重大影响,那么它们值得特别关注,这些点出现任何问题都可能使整个拟合失效。因此找出高杠杆观测是十分重要的。

八、共线性

共线性是指两个或更多的预测变量高度相关。

评估多重共线性的方式是计算方差膨胀因子 (VIF),VIF 的最小可能值是 1,表示完全不存在共线性。通常情况下,在实践中总有少数预测变量间存在共线性。一个经验法则是,VIF 值超过 5 或 10 就表示有共线性问题。

由于共线性降低了回归系数估计的准确性,假设检验的效力减小了,变量的显著性检验失去意义,可能将重要的解释变量排除在模型之外。

变大的方差容易使区间预测的“区间”变大。共线性使模型估计失真或难以准确估计,预测功能失效。

解决办法:

①最优子集选择(全子集回归)和逐步回归,是排除引起共线性的变量,解决多重共线性比较常用方法;

②增大样本量,使样本量要远远大于自变量个数;

③回归系数的有偏估计(岭回归,lasso 回归,主成分分析,偏最小二乘法)。

九、交互项

在模型中引入交互项通常有以下几种情况(以 X_1 和 X_2 的交互项的引入为例):

①从经济理论和经济现象上二者之间本身就存在相互影响;

② X_1 是 X_2 对于因变量产生影响的必备条件,就是说 X_2 要想对因变量产生影响,必须是在 X_1 起作用的情况下进行;

③在 X_1 的不同取值范围或不同取值情况下,X_2 对因变量影响的边际量不同, 如不同教育水平下的收入是不同的,而在不同的收入水平下其边际消费倾向是不同的。

有时,加交互项可以改善拟合程度。

Carseats (汽车座椅)数据是 ISLR 包的一部分,共有 11 个变量,其中 8 个数值变量,3 个分类变量(定性变量),用其他 10 个预测变量预测变量 Sales (儿童座椅销量)。定性预测变量 ShelveLoc 将自动生成虚拟变量 ShelveLocGood、ShelveLocMedium。

用数据集全部变量加交互项进行多元线性回归:

```
library(ISLR)
fit=lm(Sales~.+Income:Advertising+Price:Age,data=Carseats)
summary(fit)# 数据集中定性预测变量将自动生成虚拟变量(红色字体)
```

```
##
## Call:
## lm(formula = Sales ~ . + Income:Advertising + Price:Age, data =
Carseats)
##
## Residuals:
##     Min      1Q  Median      3Q     Max
## -2.9208 -0.7503  0.0177  0.6754  3.3413
##
## Coefficients:
##                      Estimate Std. Error t value Pr(>|t|)
## (Intercept)         6.5755654  1.0087470   6.519 2.22e-10 ***
## CompPrice           0.0929371  0.0041183  22.567  < 2e-16 ***
## Income              0.0108940  0.0026044   4.183 3.57e-05 ***
## Advertising         0.0702462  0.0226091   3.107 0.002030 **
## Population          0.0001592  0.0003679   0.433 0.665330
## Price              -0.1008064  0.0074399 -13.549  < 2e-16 ***
## ShelveLocGood       4.8486762  0.1528378  31.724  < 2e-16 ***
## ShelveLocMedium     1.9532620  0.1257682  15.531  < 2e-16 ***
## Age                -0.0579466  0.0159506  -3.633 0.000318 ***
## Education          -0.0208525  0.0196131  -1.063 0.288361
## UrbanYes            0.1401597  0.1124019   1.247 0.213171
## USYes              -0.1575571  0.1489234  -1.058 0.290729
## Income:Advertising  0.0007510  0.0002784   2.698 0.007290 **
## Price:Age           0.0001068  0.0001333   0.801 0.423812
## ---
## Signif. codes:  0 '***' 0.001 '**' 0.01 '*' 0.05 '.' 0.1 ' ' 1
##
## Residual standard error: 1.011 on 386 degrees of freedom
## Multiple R-squared:  0.8761, Adjusted R-squared:  0.8719
## F-statistic:   210 on 13 and 386 DF,  p-value: < 2.2e-16
```

展示交互项的结果,需要加载 effects 包,

#xlevels 是一个列表,指定变量要设定的常量值,multiline=TRUE 选项表示添加相应直线(图 6-3)。

```
library(effects)
## Loading required package: carData
## lattice theme set by effectsTheme()
## See ?effectsTheme for details.
```

```
plot(effect("Income:Advertising ", fit,xlevels=list(Advertising =
c(3, 10, 16))),multiline = TRUE)
```

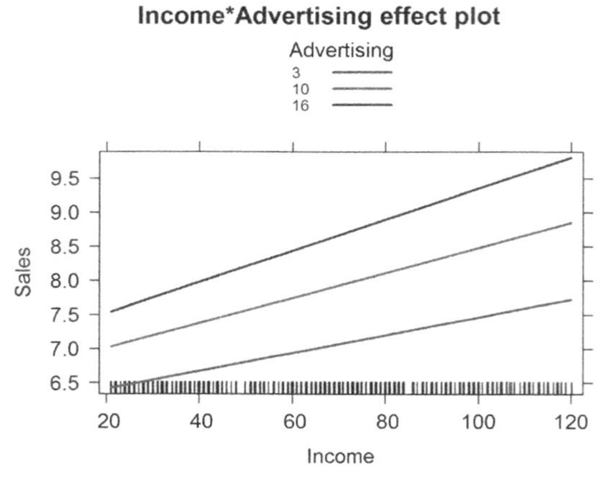

图 6–3　含有交互项的多元回归

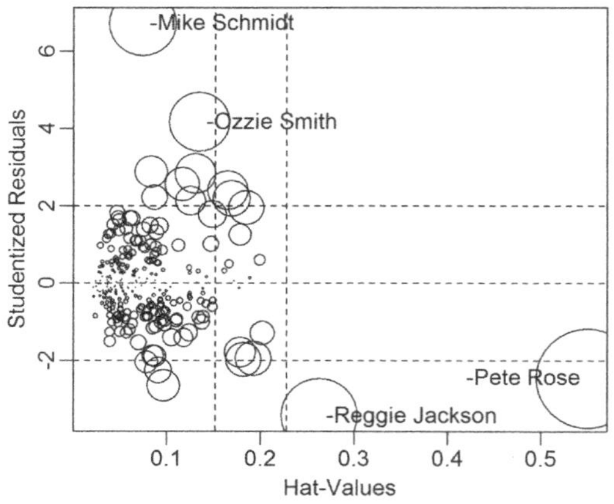

图 6–4　多元回归诊断图

十、回归诊断和共线性诊断

```
# 用数据集全部变量进行多元线性回归
library(ISLR)
Hitters <- na.omit(Hitters)# 剔除缺失值
fit= lm(Salary~.,data= Hitters)
# 对上述回归模型进行回归诊断(图 6-4)
library(carData)
library(car)
influencePlot(fit)
##                     StudRes        Hat      CookD
## -Mike Schmidt     6.719407 0.07409422 0.1528784
## -Ozzie Smith      4.172665 0.13506327 0.1273408
## -Pete Rose       -2.449372 0.54996145 0.3591845
## -Reggie Jackson -3.422974 0.26290537 0.2001292
ncvTest(fit)# 异方差检验(若 P< 0.05,则拒绝残差的方差是恒定的零假设)
## Non-constant Variance Score Test
## Variance formula: ~ fitted.values
## Chisquare = 37.60959, Df = 1, p = 8.6419e-10
# 计算方差膨胀因子
vif (fit)# 需要 car 包和 carData 包
##      AtBat      Hits     HmRun      Runs       RBI     Walks     Years
## 22.944366 30.281255  7.758668 15.246418 11.921715  4.148712  9.313280
##     CAtBat     CHits    CHmRun     CRuns      CRBI    CWalks    League
```

```
## 251.561160 502.954289  46.488462 162.520810 131.965858  19.744105    4.134115
##    Division     PutOuts     Assists      Errors  NewLeague
##    1.075398    1.236317    2.709341    2.214543   4.099063
```

第二节 多元线性回归变量选择方法

一、数据集 Hitters 简介

数据集 Hitters 是 1986 和 1987 赛季美国职业棒球大联盟数据。它包含 20 个变量(3 个分类变量,17 个数值变量),322 个主要联盟球员的观察结果，调用该数据集需要加载 ISLR 包。

相关系数矩阵见图 6-5。

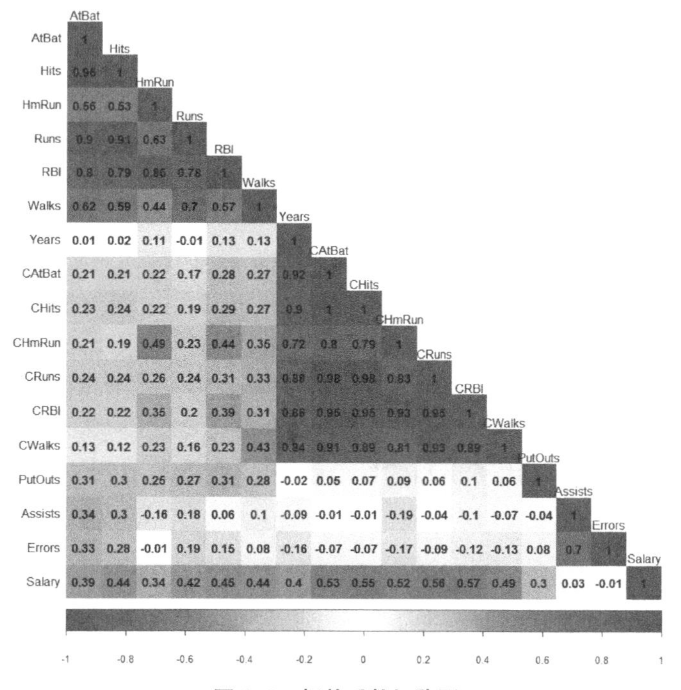

图 6–5 相关系数矩阵图

```
library(ISLR)
Hitters <- na.omit(Hitters)# 剔除缺失值
Hitters1<-Hitters[,-c(14:15,20)]# 剔除分类变量
mcor <- cor(Hitters1) # 计算相关矩阵并赋值给 mcor
round(mcor, digits = 2) # 保留两位小数
library(corrplot) # 载入 corrplot 包
```

```
col <- colorRampPalette(c("#BB4444", "#EE9988", "#FFFFFF",
"#77AADD", "#4477AA"))
corrplot(mcor, method = "shade", type = {"lower"}, shade.col =
NA, tl.col = "black", tl.srt = 0, col = col(200), addCoef.col =
"black", cl.pos = NULL)
```

R语言 leaps 包中 regsubsets()函数的参数 method 共有四个选项。

①method="exhaustive",全子集回归,此参数为 regsubsets()函数默认。

②method= "backward",向后逐步回归。

③method= "forward",向前逐步回归。

④method= "seqrep",向前向后逐步回归。

二、全子集回归

从 p 个特征(预测变量)中任意选择 1 个,建立 C(p,1)个模型,从中选择最优的一个(RSS 最小或 R^2 最大);

从 p 个特征中任意选择 2 个,建立 C(p,2)个模型,从中选择最优的一个(RSS 最小或 R^2 最大);

…

用全部 p 个特征建立 1 个模型;

共选出 p 个模型。根据交叉验证误差、C_p、BIC、Adjusted R^2 等指标, 从上述选出的 p 个模型中选择一个最优模型。

C_p,BIC,Adjusted R^2 是用来评价模型的统计量,C_p(测试均方误差的无偏估计)、赤池信息量准则(AIC)和贝叶斯信息准则(BIC)数值越小,模型测试误差越低,选择 C_p(测试均方误差的无偏估计)、赤池信息量准则(AIC)和贝叶斯信息准则(BIC)最低的模型为最优模型。

Adjusted R^2 越接近 1,说明模型拟合的越好,模型测试误差越低。

若有 p 个解释变量,则存在 2^p 个可用于建模的变量子集,随着 p 值增大,全子集回归计算量明显增大,这种方法适用于预测变量个数 $p<40$ 的情况。

三、逐步回归法

1. 向前逐步回归

从 p 个特征中任意选择 1 个,建立 C(p,1)个模型,选择最优的一个(RSS 最小或 R^2 最大);之后每迭代一次就加入一个特征,重复以上过程,直到用全部 p 个特征建模,迭代完成;然后,从选出的 p 个模型中选择最优的模型。

2. 向后逐步回归

一开始就用 p 个特征建模,之后每迭代一次就舍弃一个特征,从选出的 p 个模型中选择最优的模型。

3. 向前向后逐步回归

结合了向前逐步回归和向后逐步回归的方法,变量每次进入一个,每一步中,变量都会被重新评价,对模型没有贡献的变量将会被删除,预测变量可能会被添加、删除好几次,直到获得最优模型为止。

逐步回归法不能保证选择的模型最优，因为前面的特征选择中很有可能选中一些不是很重要的特征，在后面的迭代中也必须加上。逐步回归法只需拟合 $p(p+1)/2$ 个模型，运算效率极大提高，实用性更强。

全子集回归、向前逐步回归、向后逐步回归、向前向后逐步回归的特征选择结果可能不同。

四、k 折交叉验证法

将样本随机划分成 k(一般取 10)个大小接近的折，取第 $i(1<=i<=k)$ 折的样本作为验证集，其他作为训练集建立模型，共建立 k 个模型，k 个模型验证误差的均值作为模型的验证误差。

五、验证集方法

将样本随机分为训练集和测试集，然后在训练集上按不同特征数通过全子集回归构建模型并计算不同特征数下的 MSE。

k 折交叉验证法和验证集方法需要和全子集回归或逐步回归结合应用。

第三节　R 实例

一、全子集回归

```
library(ISLR)
Hitters <- na.omit(Hitters)# 剔除缺失值
fit=lm(Salary~.,Hitters)
summary(fit)
## Call:
## lm(formula = Salary ~ ., data = Hitters)
##
## Residuals:
##     Min      1Q  Median      3Q     Max
## -907.62 -178.35  -31.11  139.09 1877.04
##
## Coefficients:
##                Estimate Std. Error t value Pr(>|t|)
## (Intercept)  163.10359   90.77854   1.797 0.073622 .
## AtBat         -1.97987    0.63398  -3.123 0.002008 **
```

```
## Hits            7.50077    2.37753   3.155 0.001808 **
## HmRun           4.33088    6.20145   0.698 0.485616
## Runs           -2.37621    2.98076  -0.797 0.426122
## RBI            -1.04496    2.60088  -0.402 0.688204
## Walks           6.23129    1.82850   3.408 0.000766 ***
## Years          -3.48905   12.41219  -0.281 0.778874
## CAtBat         -0.17134    0.13524  -1.267 0.206380
## CHits           0.13399    0.67455   0.199 0.842713
## CHmRun         -0.17286    1.61724  -0.107 0.914967
## CRuns           1.45430    0.75046   1.938 0.053795 .
## CRBI            0.80771    0.69262   1.166 0.244691
## CWalks         -0.81157    0.32808  -2.474 0.014057 *
## LeagueN        62.59942   79.26140   0.790 0.430424
## DivisionW    -116.84925   40.36695  -2.895 0.004141 **
## PutOuts         0.28189    0.07744   3.640 0.000333 ***
## Assists         0.37107    0.22120   1.678 0.094723 .
## Errors         -3.36076    4.39163  -0.765 0.444857
## NewLeagueN    -24.76233   79.00263  -0.313 0.754218
## ---
## Signif. codes:  0 '***' 0.001 '**' 0.01 '*' 0.05 '.' 0.1 ' ' 1
##
## Residual standard error: 315.6 on 243 degrees of freedom
## Multiple R-squared:  0.5461, Adjusted R-squared:  0.5106
## F-statistic: 15.39 on 19 and 243 DF,  p-value: < 2.2e-16
library(leaps)
regfit.full = regsubsets(Salary~.,Hitters,nvmax = 19)
reg.summary=summary(regfit.full)
plot (reg.summary$adjr2,xlab="Number of Variables",ylab="Adjusted RSq",type = "l")
points (which.max (reg.summary$adjr2),reg.summary$adjr2[which.max(reg.summary$adjr2)],col="red",cex=2,pch=20)#(图 6-6,图 6-7)
plot(regfit.full,scale = "adjr2")
coef(regfit.full, which.max(reg.summary$adjr2))
## (Intercept)      AtBat       Hits      Walks     CAtBat      CRuns
## 135.7512195 -2.1277482  6.9236994  5.6202755 -0.1389914  1.4553310
##        CRBI     CWalks    LeagueN  DivisionW    PutOuts    Assists
##   0.7852528 -0.8228559 43.1116152 -111.1460252  0.2894087  0.2688277
```

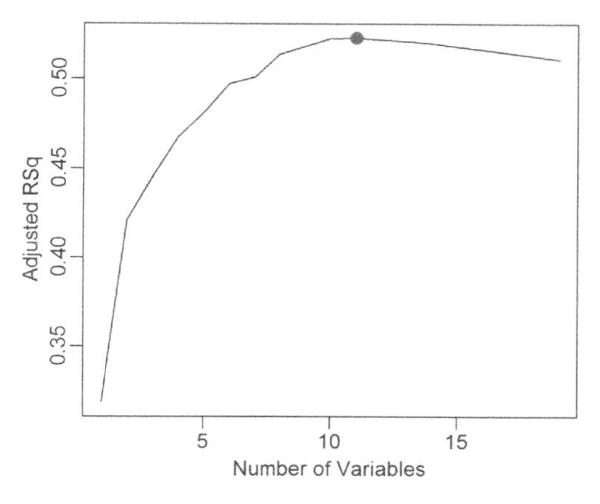

图 6-6　变量个数与 Adjusted R^2

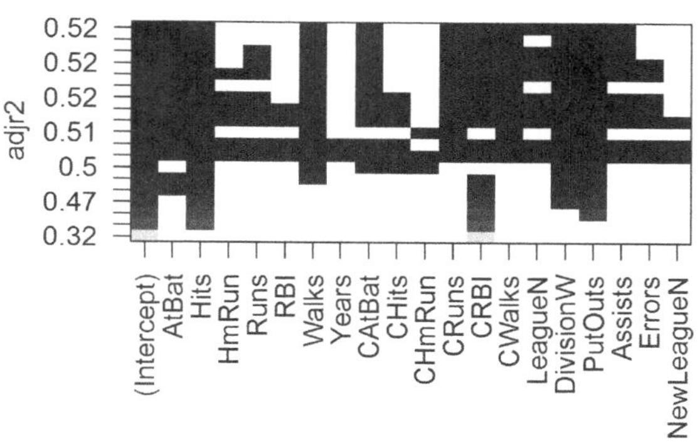

图 6-7　Adjusted R^2 选择变量

```
plot(reg.summary$cp,xlab="Number of Variables",ylab="Cp",type = "l")
points(which.min(reg.summary$cp),reg.summary$cp[which.min(reg.summary
$cp)],col="red",cex=2,pch=20)#(图 6-8,图 6-9)
plot(regfit.full,scale = "Cp")
```

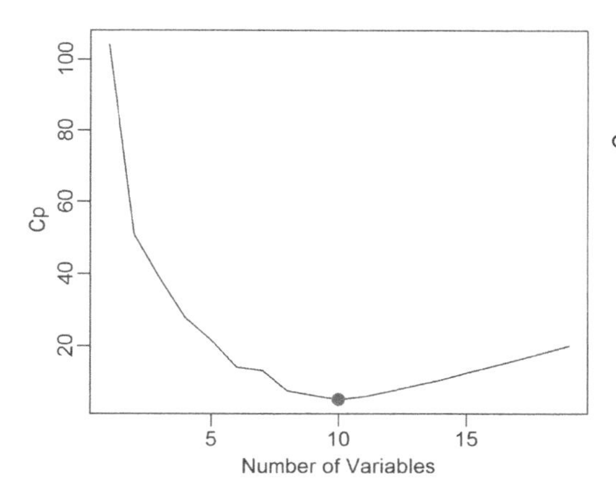

图 6-8　变量个数与 Cp

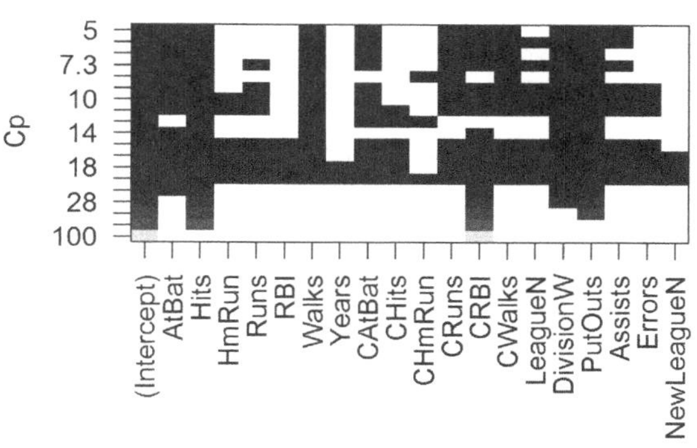

图 6-9　Cp 选择变量

```
coef(regfit.full, which.min(reg.summary$cp))
## (Intercept)       AtBat        Hits       Walks      CAtBat       CRuns
## 162.5354420  -2.1686501   6.9180175   5.7732246  -0.1300798   1.4082490
##        CRBI      CWalks   DivisionW     PutOuts     Assists
##   0.7743122  -0.8308264 -112.3800575   0.2973726   0.2831680
plot(reg.summary$bic,xlab="Number of Variables",ylab="BIC",type = "l")
points (which.min (reg.summary $bic),reg.summary $bic [which.min (reg.
summary$bic)],col="red",cex=2,pch=20)#(图 6-10,图 6-11)
plot(regfit.full,scale = "bic")
```

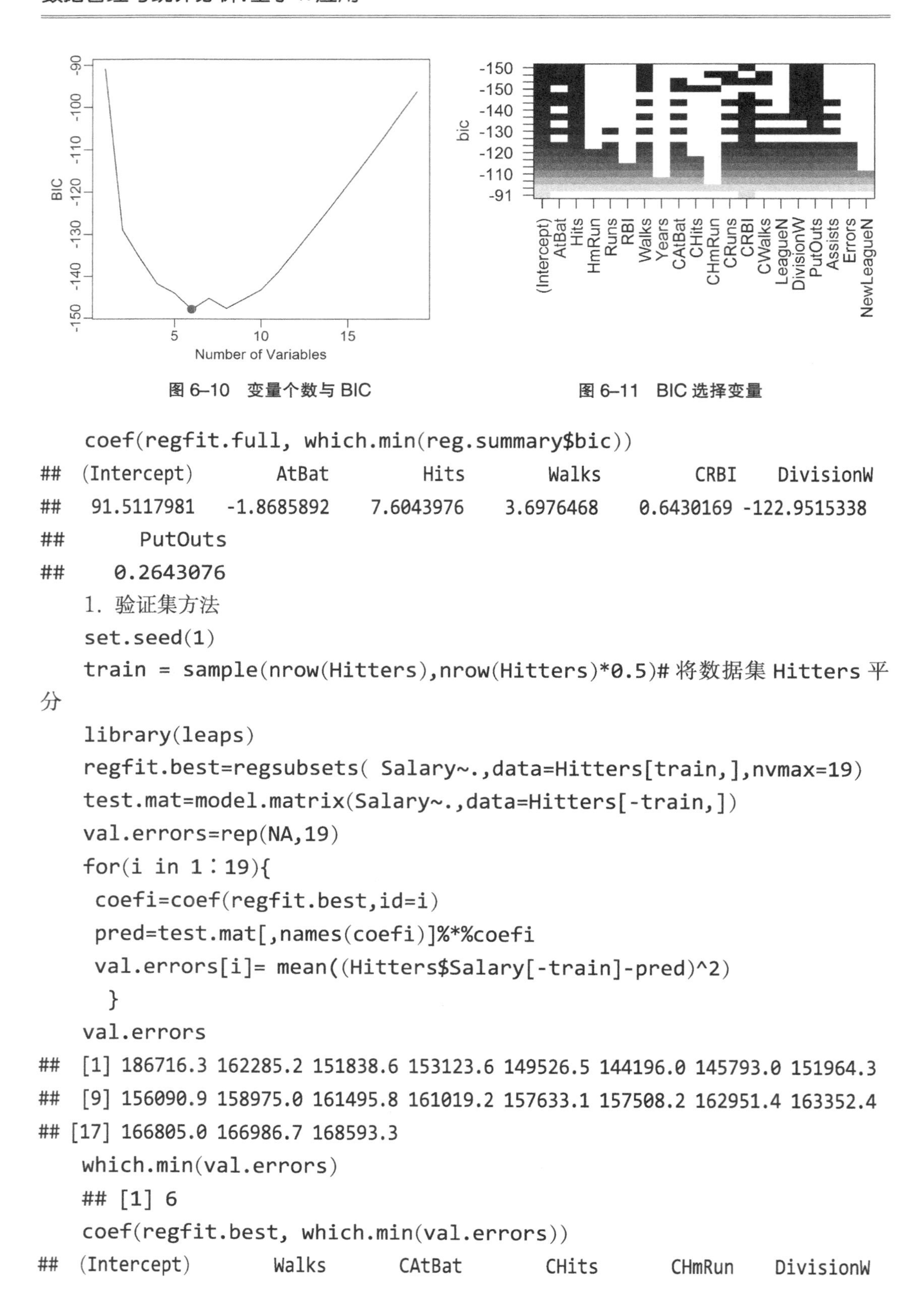

图 6-10　变量个数与 BIC

图 6-11　BIC 选择变量

```
coef(regfit.full, which.min(reg.summary$bic))
##  (Intercept)        AtBat         Hits        Walks         CRBI    DivisionW
##   91.5117981   -1.8685892    7.6043976    3.6976468    0.6430169 -122.9515338
##      PutOuts
##    0.2643076
```

1. 验证集方法

```
set.seed(1)
train = sample(nrow(Hitters),nrow(Hitters)*0.5)# 将数据集 Hitters 平分
library(leaps)
regfit.best=regsubsets( Salary~.,data=Hitters[train,],nvmax=19)
test.mat=model.matrix(Salary~.,data=Hitters[-train,])
val.errors=rep(NA,19)
for(i in 1:19){
 coefi=coef(regfit.best,id=i)
 pred=test.mat[,names(coefi)]%*%coefi
 val.errors[i]= mean((Hitters$Salary[-train]-pred)^2)
  }
val.errors
##  [1] 186716.3 162285.2 151838.6 153123.6 149526.5 144196.0 145793.0 151964.3
##  [9] 156090.9 158975.0 161495.8 161019.2 157633.1 157508.2 162951.4 163352.4
## [17] 166805.0 166986.7 168593.3
which.min(val.errors)
## [1] 6
coef(regfit.best, which.min(val.errors))
##  (Intercept)        Walks       CAtBat        CHits       CHmRun    DivisionW
```

```
## 181.7041436    4.2540935   -0.5253895    2.0543314    2.4596055 -131.1657146
##     PutOuts
##   0.1751321
```

2. 交叉验证

```
library(leaps)
k=10
set.seed(1)
folds = sample(1:k,nrow(Hitters),replace=TRUE)
cv.errors = matrix(NA,k,19,dimnames=list(NULL,paste(1:19)))
predict=function(object,newdata,id ,...) {
form=as.formula(object$call[[2]])
mat=model.matrix(form,newdata )
coefi=coef(object,id=id)
xvars=names(coefi)
mat[,xvars]%*%coefi
 }
for(j in 1:k){
 best.fit=regsubsets(Salary~.,data=Hitters[folds!=j,],nvmax =19)
 for (i in 1:19) {
 pred=predict(best.fit,Hitters[folds==j,],id=i)
 cv.errors[j,i]=mean((Hitters$Salary[folds==j]-pred)^2)
    }
  }
cv.errors
##               1         2         3         4         5         6         7
##  [1,]  98623.24 115600.61 120884.31 113831.63 120728.51 122922.93 155507.25
##  [2,] 155320.11 100425.87 168838.35 159729.47 145895.71 123555.25 119983.35
##  [3,] 124151.77  68833.50  69392.29  77221.37  83802.82  70125.41  68997.77
##  [4,] 232191.41 279001.29 294568.10 288765.81 276972.83 260121.22 276413.09
##  [5,] 115397.35  96807.44 108421.66 104933.55  99561.69  86103.05  89345.61
##  [6,] 103839.30  75652.50  69962.31  58291.91  65893.45  64215.56  65800.88
##  [7,]  85793.95  78506.34  80541.35  84213.50  87140.78  80669.98  86247.85
##  [8,] 273084.54 235423.66 230706.43 205624.81 223867.35 205559.00 206556.77
##  [9,] 178316.69 163857.60 142998.75 120697.54 115261.58 108791.71 102320.25
## [10,] 131492.54  95111.58 104956.38  96978.66  91377.54  73322.28  71687.88
##               8         9        10        11        12        13        14
##  [1,] 137753.36 149198.01 153332.89 155702.91 155842.88 158755.87 156037.17
##  [2,]  96609.16  99057.32  80375.78  91290.74  92292.69 100498.84 101562.45
```

```
## [3,]  64143.70  65813.14  65120.27  68160.94  70263.77  69765.81  68987.54
## [4,] 259923.88 270151.18 263492.31 259154.53 269017.80 265468.90 269666.65
## [5,]  87693.15  91631.88  88763.37  89801.07  91070.44  92429.43  92821.15
## [6,]  61413.45  60200.70  59599.54  59831.90  60081.48  59662.51  60618.91
## [7,]  89643.01  92081.37  89057.16  88102.28  90885.98  95025.99  99172.32
## [8,] 182678.23 179783.18 179916.36 173790.82 180508.48 185424.38 183257.89
## [9,]  89418.23  84366.23  80188.72  80665.49  82509.05  85078.50  89243.38
## [10,]  66524.07  63281.82  62320.54  66011.39  65086.73  66097.41  73444.48
##              15        16        17        18        19
## [1,] 157739.46 155548.96 156688.01 156860.92 156976.98
## [2,] 104621.38 100922.27 102198.69 105318.26 106064.89
## [3,]  69471.32  69294.21  69199.91  68866.84  69195.74
## [4,] 265518.87 267240.44 267771.74 267670.66 267717.80
## [5,]  95849.81  96513.70  95209.20  94952.21  94951.70
## [6,]  62540.03  62776.81  62717.77  62354.97  62268.97
## [7,]  99314.04 100192.99 100302.79  99772.60 100659.75
## [8,] 183331.01 185159.62 183643.63 182587.35 183436.78
## [9,]  90478.82  91782.20  91723.08  91140.55  91344.82
## [10,]  72351.39  71311.99  71393.23  71333.19  71417.75
mean.cv.errors=apply(cv.errors,2,mean)
mean.cv.errors
##        1        2        3        4        5        6        7        8
## 149821.1 130922.0 139127.0 131028.8 131050.2 119538.6 124286.1 113580.0
##        9       10       11       12       13       14       15       16
## 115556.5 112216.7 113251.2 115755.9 117820.8 119481.2 120121.6 120074.3
##       17       18       19
## 120084.8 120085.8 120403.5
which.min(mean.cv.errors)
## 10
plot(mean.cv.errors,type="b")#(图 6-12)
reg.best=regsubsets(Salary~.,data=Hitters,nvmax=19)
coef(reg.best, which.min(mean.cv.errors))
## (Intercept)       AtBat        Hits       Walks      CAtBat       CRuns
## 162.5354420  -2.1686501   6.9180175   5.7732246  -0.1300798   1.4082490
##        CRBI      CWalks   DivisionW     PutOuts     Assists
##   0.7743122  -0.8308264 -112.3800575   0.2973726   0.2831680
```

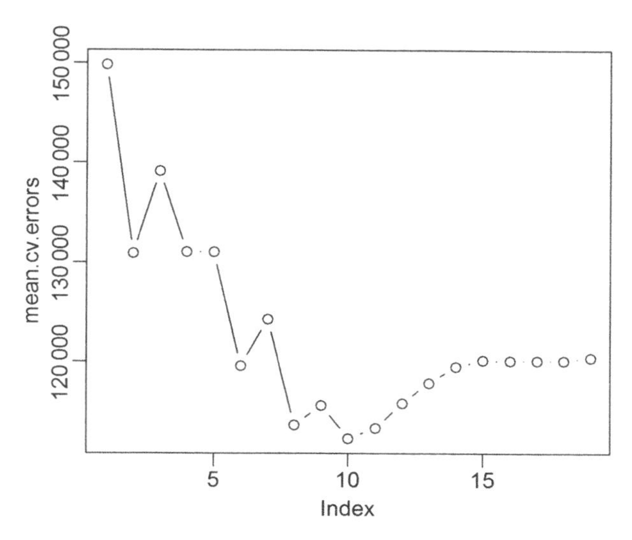

图 6–12 变量个数与 mean.cv.errors

3. 不同选择方法选出的变量

lm()	adjr2	cp	bic	验证集方法	交叉验证
AtBat	AtBat	AtBat	AtBat	AtBat	AtBat
Hits	Hits	Hits	Hits	Hits	Hits
HmRun	HmRun	HmRun	HmRun	HmRun	HmRun
Runs	Runs	Runs	Runs	Runs	Runs
RBI	RBI	RBI	RBI	RBI	RBI
Walks	Walks	Walks	Walks	Walks	Walks
Years	Years	Years	Years	Years	Years
CAtBat	CAtBat	CAtBat	CAtBat	CAtBat	CAtBat
CHits	CHits	CHits	CHits	CHits	CHits
CHmRun	CHmRun	CHmRun	CHmRun	CHmRun	CHmRun
CRuns	CRuns	CRuns	CRuns	CRuns	CRuns
CRBI	CRBI	CRBI	CRBI	CRBI	CRBI
CWalks	CWalks	CWalks	CWalks	CWalks	CWalks
League	League	League	League	League	League
Division	Division	Division	Division	Division	Division
PutOuts	PutOuts	PutOuts	PutOuts	PutOuts	PutOuts
Assists	Assists	Assists	Assists	Assists	Assists
Errors	Errors	Errors	Errors	Errors	Errors
NewLeague	NewLeague	NewLeague	NewLeague	NewLeague	NewLeague
8	11	10	6	6	10

二、向后逐步回归

```
library(ISLR)
Hitters <- na.omit(Hitters)# 剔除缺失值
fit=lm(Salary~.,Hitters)
summary(fit)
## Call:
## lm(formula = Salary ~ ., data = Hitters)
##
## Residuals:
##      Min       1Q  Median      3Q     Max
## -907.62 -178.35  -31.11  139.09 1877.04
## Coefficients:
##               Estimate Std. Error t value Pr(>|t|)
## (Intercept)  163.10359   90.77854   1.797 0.073622 .
## AtBat         -1.97987    0.63398  -3.123 0.002008 **
## Hits           7.50077    2.37753   3.155 0.001808 **
## HmRun          4.33088    6.20145   0.698 0.485616
## Runs          -2.37621    2.98076  -0.797 0.426122
## RBI           -1.04496    2.60088  -0.402 0.688204
## Walks          6.23129    1.82850   3.408 0.000766 ***
## Years         -3.48905   12.41219  -0.281 0.778874
## CAtBat        -0.17134    0.13524  -1.267 0.206380
## CHits          0.13399    0.67455   0.199 0.842713
## CHmRun        -0.17286    1.61724  -0.107 0.914967
## CRuns          1.45430    0.75046   1.938 0.053795 .
## CRBI           0.80771    0.69262   1.166 0.244691
## CWalks        -0.81157    0.32808  -2.474 0.014057 *
## LeagueN       62.59942   79.26140   0.790 0.430424
## DivisionW   -116.84925   40.36695  -2.895 0.004141 **
## PutOuts        0.28189    0.07744   3.640 0.000333 ***
## Assists        0.37107    0.22120   1.678 0.094723 .
## Errors        -3.36076    4.39163  -0.765 0.444857
## NewLeagueN   -24.76233   79.00263  -0.313 0.754218
## ---
## Signif. codes:  0 '***' 0.001 '**' 0.01 '*' 0.05 '.' 0.1 ' ' 1
## Residual standard error: 315.6 on 243 degrees of freedom
## Multiple R-squared:  0.5461, Adjusted R-squared:  0.5106
```

```
## F-statistic: 15.39 on 19 and 243 DF,  p-value: < 2.2e-16
library(leaps)
regfit.backward = regsubsets(Salary~.,Hitters,method="backward",
nvmax = 19)
reg.summary=summary(regfit.backward)
plot (reg.summary$adjr2,xlab="Number of Variables",ylab="Adjusted
RSq",type = "l")
points (which.max (reg.summary$adjr2),reg.summary$adjr2[which.max
(reg.summary$adjr2)],col="red",cex=2,pch=20)
plot(regfit.backward,scale = "adjr2")#(图 6-13,图 6-14)
```

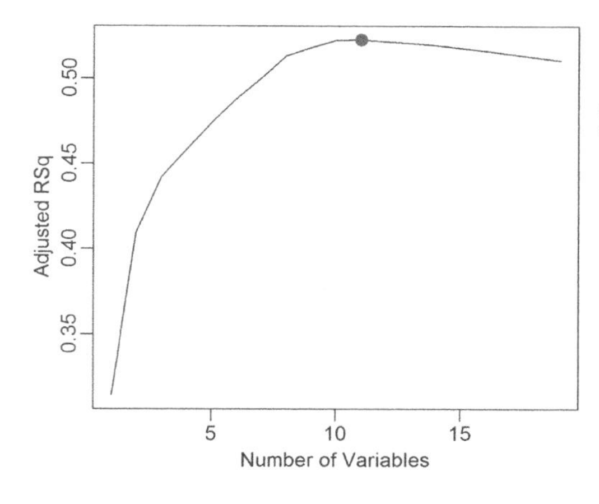

图 6-13 变量个数与Adjusted R^2

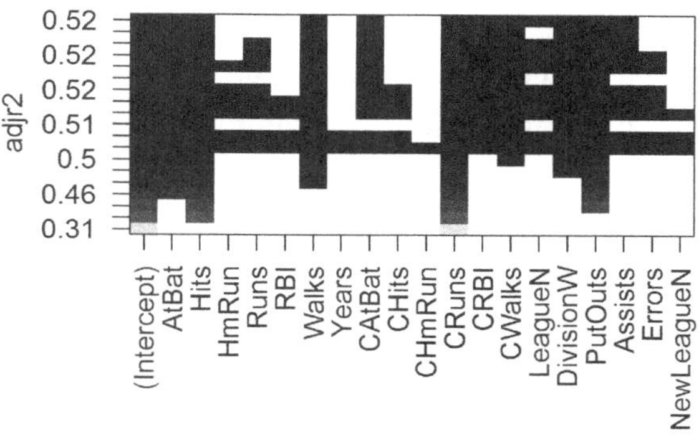

图 6-14 Adjusted R^2 选择变量

```
coef(regfit.backward, which.max(reg.summary$adjr2))
## (Intercept)       AtBat        Hits       Walks      CAtBat       CRuns
## 135.7512195  -2.1277482   6.9236994   5.6202755  -0.1389914   1.4553310
##        CRBI      CWalks     LeagueN   DivisionW     PutOuts     Assists
##   0.7852528  -0.8228559  43.1116152 -111.1460252   0.2894087   0.2688277
plot(reg.summary$cp,xlab="Number of Variables",ylab="Cp",type = "l")
points (which.min (reg.summary$cp),reg.summary$cp [which.min(reg.
summary$cp)],col="red",cex=2,pch=20)#(图 6-15,图 6-16)
plot(regfit.backward,scale = "Cp")
coef(regfit.backward, which.min(reg.summary$cp))
## (Intercept)       AtBat        Hits       Walks      CAtBat       CRuns
## 162.5354420  -2.1686501   6.9180175   5.7732246  -0.1300798   1.4082490
##        CRBI      CWalks   DivisionW     PutOuts     Assists
##   0.7743122  -0.8308264 -112.3800575   0.2973726   0.2831680
```

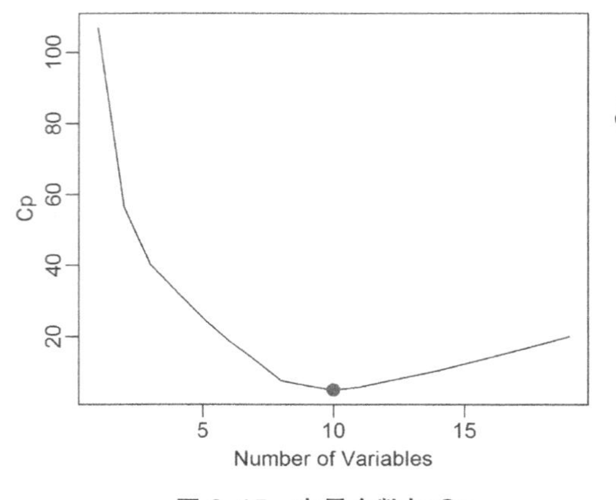

图 6–15　变量个数与 Cp

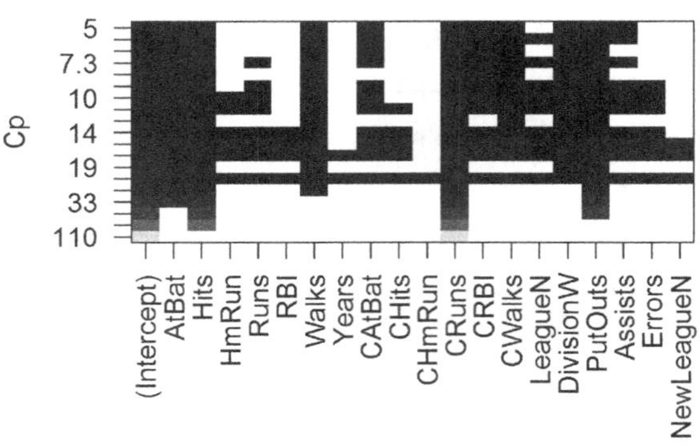

图 6–16　Cp 选择变量

```
plot(reg.summary$bic,xlab="Number of Variables",ylab="BIC",type = "l")
points(which.min(reg.summary$bic),reg.summary$bic[which.min(reg.
summary$bic)],col="red",cex=2,pch=20)#(图 6-17)
plot(regfit.backward,scale = "bic")#(图 6-18)
```

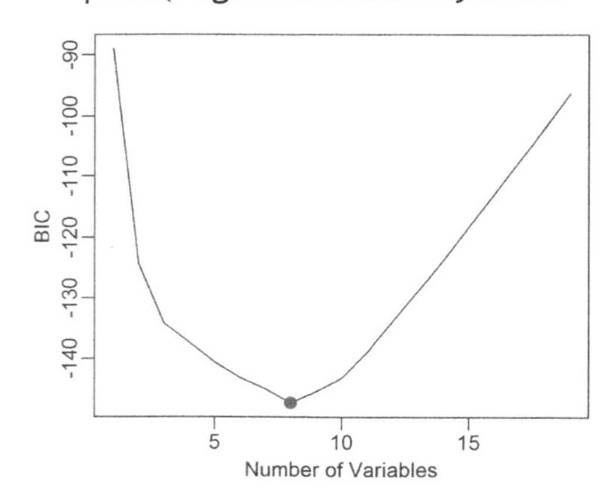

图 6–17　变量个数与 BIC

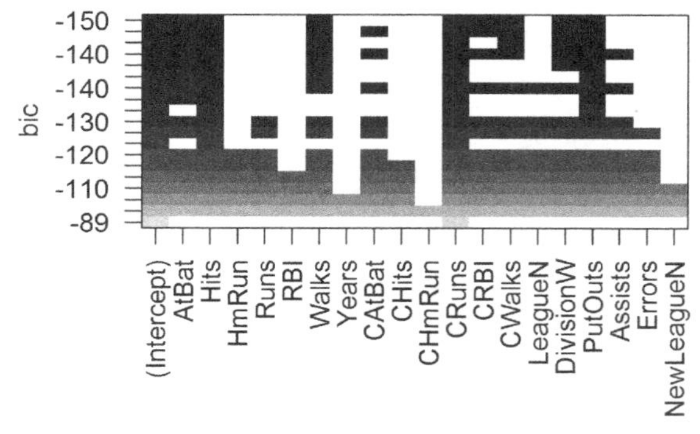

图 6–18　BIC 选择变量

```
coef(regfit.backward, which.min(reg.summary$bic))
##  (Intercept)        AtBat         Hits        Walks        CRuns         CRBI
##  117.1520434   -2.0339209    6.8549136    6.4406642    0.7045391    0.5273238
##       CWalks    DivisionW      PutOuts
##   -0.8066062 -123.7798366    0.2753892
```

1. 验证集方法

```
set.seed(1)
train = sample(nrow(Hitters),nrow(Hitters)*0.5)# 将数据集 Hitters 平分
library(leaps)
regfit.best=regsubsets(Salary~.,data=Hitters[train,],method=
"backward",nvmax=19)
```

```
test.mat=model.matrix(Salary~.,data=Hitters[-train,])
val.errors=rep(NA,19)
for(i in 1:19){
 coefi=coef(regfit.best,id=i)
 pred=test.mat[,names(coefi)]%*%coefi
 val.errors[i]= mean((Hitters$Salary[-train]-pred)^2)
  }
val.errors
## [1] 204721.0 181908.2 168672.3 162321.5 149526.5 144196.0 145793.0 153019.3
## [9] 156090.9 158975.0 161495.8 161019.2 157633.1 157508.2 162951.4 163352.4
## [17] 166805.0 166986.7 168593.3
which.min(val.errors)
## [1] 6
coef(regfit.best, which.min(val.errors))
## (Intercept)       Walks      CAtBat       CHits      CHmRun    DivisionW
## 181.7041436   4.2540935  -0.5253895   2.0543314   2.4596055 -131.1657146
##     PutOuts
##   0.1751321
```

2. 交叉验证

```
library(leaps)
k=10
set.seed(1)
folds = sample(1:k,nrow(Hitters),replace=TRUE)
cv.errors = matrix(NA,k,19,dimnames=list(NULL,paste(1:19)))
predict=function(object,newdata,id ,...) {
form=as.formula(object$call[[2]])
mat=model.matrix(form,newdata )
coefi=coef(object,id=id)
xvars=names(coefi)
mat[,xvars]%*%coefi
 }
for(j in 1:k){
best.fit=regsubsets (Salary~.,data=Hitters[folds!=j,],method="backward",
nvmax =19)
 for (i in 1:19) {
 pred=predict(best.fit,Hitters[folds==j,],id=i)
 cv.errors[j,i]=mean((Hitters$Salary[folds==j]-pred)^2)
    }
```

```
  }
#cv.errors
mean.cv.errors=apply(cv.errors,2,mean)
mean.cv.errors
##        1        2        3        4        5        6        7        8
## 153875.9 135545.8 128659.7 129059.2 129156.5 123987.7 119506.4 110327.4
##        9       10       11       12       13       14       15       16
## 114025.1 112887.2 115301.5 115812.4 118140.7 119100.4 119693.1 120074.3
##       17       18       19
## 120084.8 120085.8 120403.5
which.min(mean.cv.errors)
## 8
plot(mean.cv.errors,type="b")#(图 6-19)
```

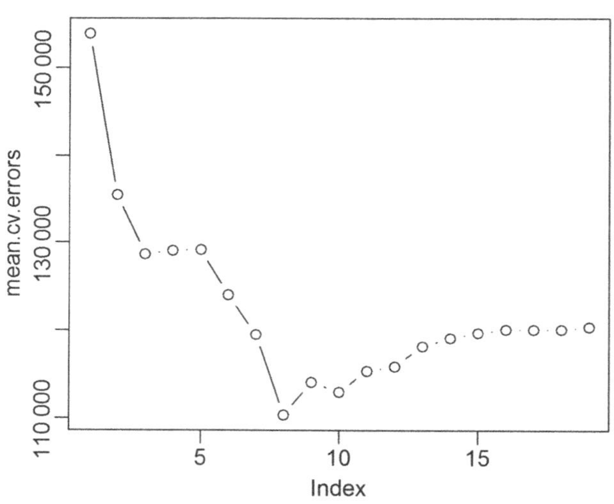

图 6-19　变量个数与平均交叉验证误差

```
reg.best=regsubsets(Salary~.,data=Hitters,nvmax=19)
coef(reg.best, which.min(mean.cv.errors))
## (Intercept)        AtBat         Hits        Walks       CHmRun        CRuns
## 130.9691577   -2.1731903    7.3582935    6.0037597    1.2339718    0.9651349
##      CWalks    DivisionW      PutOuts
##  -0.8323788 -117.9657795    0.2908431
```

3. 不同方法选出的变量

lm()	adjr2	cp	bic	验证集方法	交叉验证
AtBat	AtBat	AtBat	AtBat	AtBat	AtBat
Hits	Hits	Hits	Hits	Hits	Hits
HmRun	HmRun	HmRun	HmRun	HmRun	HmRun

```
Runs       Runs       Runs       Runs       Runs       Runs
RBI        RBI        RBI        RBI        RBI        RBI
Walks      Walks      Walks      Walks      Walks      Walks
Years      Years      Years      Years      Years      Years
CAtBat     CAtBat     CAtBat     CAtBat     CAtBat     CAtBat
CHits      CHits      CHits      CHits      CHits      CHits
CHmRun     CHmRun     CHmRun     CHmRun     CHmRun     CHmRun
CRuns      CRuns      CRuns      CRuns      CRuns      CRuns
CRBI       CRBI       CRBI       CRBI       CRBI       CRBI
CWalks     CWalks     CWalks     CWalks     CWalks     CWalks
League     League     League     League     League     League
Division   Division   Division   Division   Division   Division
PutOuts    PutOuts    PutOuts    PutOuts    PutOuts    PutOuts
Assists    Assists    Assists    Assists    Assists    Assists
Errors     Errors     Errors     Errors     Errors     Errors
NewLeague  NewLeague  NewLeague  NewLeague  NewLeague  NewLeague
     8         11          9          8          6          8
```

三、向前向后逐步回归

```
library(ISLR)
Hitters <- na.omit(Hitters)# 剔除缺失值
fit=lm(Salary~.,Hitters)
summary(fit)
##
## Call:
## lm(formula = Salary ~ ., data = Hitters)
##
## Residuals:
##     Min      1Q  Median      3Q     Max
## -907.62 -178.35  -31.11  139.09 1877.04
##
## Coefficients:
##               Estimate Std. Error t value Pr(>|t|)
## (Intercept)  163.10359   90.77854   1.797 0.073622 .
## AtBat         -1.97987    0.63398  -3.123 0.002008 **
## Hits           7.50077    2.37753   3.155 0.001808 **
## HmRun          4.33088    6.20145   0.698 0.485616
## Runs          -2.37621    2.98076  -0.797 0.426122
```

```
## RBI            -1.04496    2.60088  -0.402 0.688204
## Walks           6.23129    1.82850   3.408 0.000766 ***
## Years          -3.48905   12.41219  -0.281 0.778874
## CAtBat         -0.17134    0.13524  -1.267 0.206380
## CHits           0.13399    0.67455   0.199 0.842713
## CHmRun         -0.17286    1.61724  -0.107 0.914967
## CRuns           1.45430    0.75046   1.938 0.053795 .
## CRBI            0.80771    0.69262   1.166 0.244691
## CWalks         -0.81157    0.32808  -2.474 0.014057 *
## LeagueN        62.59942   79.26140   0.790 0.430424
## DivisionW    -116.84925   40.36695  -2.895 0.004141 **
## PutOuts         0.28189    0.07744   3.640 0.000333 ***
## Assists         0.37107    0.22120   1.678 0.094723 .
## Errors         -3.36076    4.39163  -0.765 0.444857
## NewLeagueN    -24.76233   79.00263  -0.313 0.754218
## ---
## Signif. codes:  0 '***' 0.001 '**' 0.01 '*' 0.05 '.' 0.1 ' ' 1
##
## Residual standard error: 315.6 on 243 degrees of freedom
## Multiple R-squared:  0.5461, Adjusted R-squared:  0.5106
## F-statistic: 15.39 on 19 and 243 DF,  p-value: < 2.2e-16
library(leaps)
regfit.seqrep = regsubsets(Salary~.,Hitters,method="seqrep",nvmax = 19)
reg.summary=summary(regfit.seqrep)
plot (reg.summary$adjr2,xlab="Number of Variables",ylab="Adjusted RSq",type = "l")
points (which.max (reg.summary$adjr2),reg.summary$adjr2[which.max (reg.summary$adjr2)],col="red",cex=2,pch=20)#(图 6-20)
plot(regfit.seqrep,scale = "adjr2")#(图 6-21)
coef(regfit.seqrep, which.max(reg.summary$adjr2))
## (Intercept)        AtBat         Hits        Walks       CAtBat        CRuns
## 135.7512195   -2.1277482    6.9236994    5.6202755   -0.1389914    1.4553310
##        CRBI       CWalks      LeagueN    DivisionW      PutOuts      Assists
##   0.7852528   -0.8228559   43.1116152 -111.1460252    0.2894087    0.2688277
```

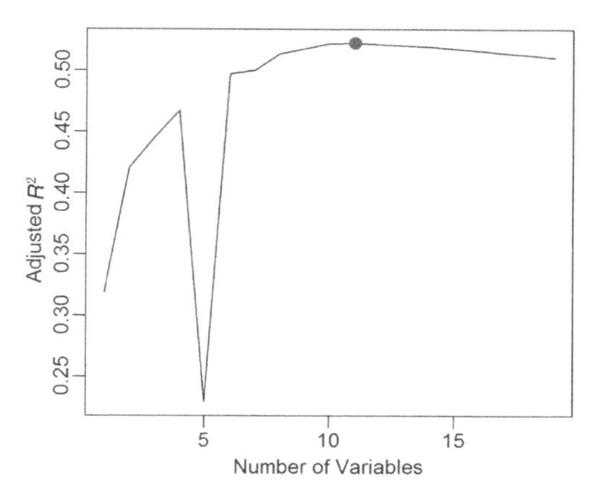

图 6–20 变量个数与 Adjusted R^2

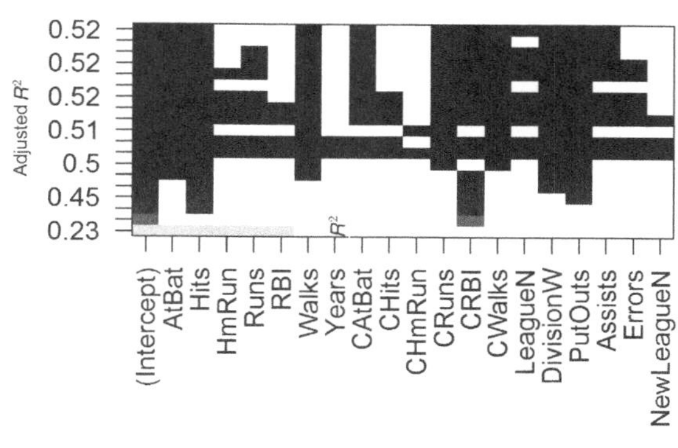

图 6–21 Adjusted R^2 选择变量

```
plot(reg.summary$cp,xlab="Number of Variables",ylab="Cp",type = "l")
points (which.min (reg.summary$cp),reg.summary$cp [which.min(reg.summary$cp)],col="red",cex=2,pch=20)#(图 6-22)
plot(regfit.seqrep,scale = "Cp")#(图 6-23)
```

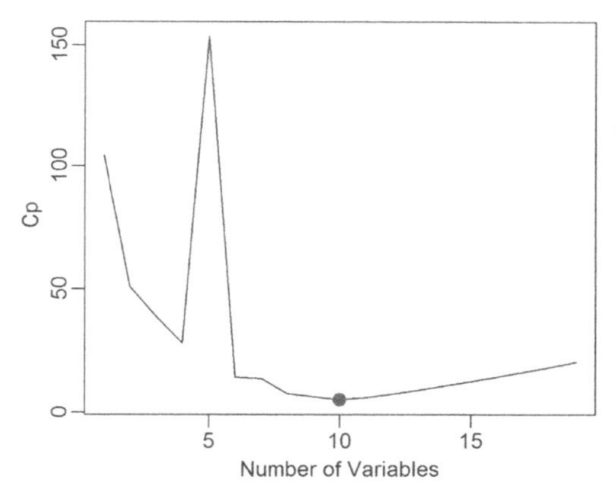

图 6–22 变量个数与 Cp

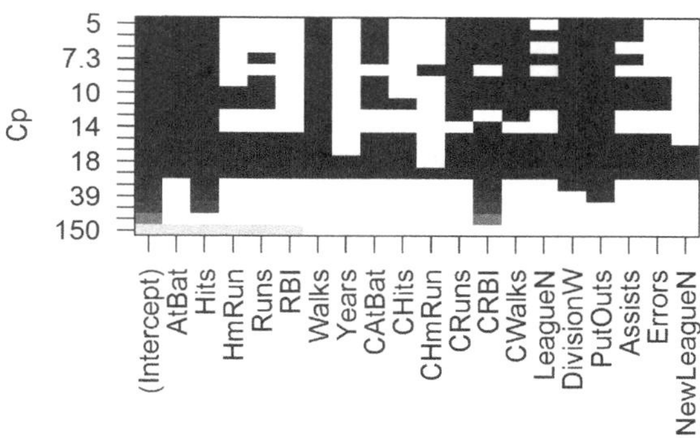

图 6–23 Cp 选择变量

```
coef(regfit.seqrep, which.min(reg.summary$cp))
## (Intercept)        AtBat         Hits        Walks       CAtBat        CRuns
## 162.5354420   -2.1686501    6.9180175    5.7732246   -0.1300798    1.4082490
##        CRBI       CWalks    DivisionW      PutOuts      Assists
##   0.7743122   -0.8308264 -112.3800575    0.2973726    0.2831680
plot(reg.summary$bic,xlab="Number of Variables",ylab="BIC",type = "l")
points(which.min(reg.summary$bic),reg.summary$bic[which.min(reg.summary$bic)],col="red",cex=2,pch=20)#(图 6-24)
plot(regfit.seqrep,scale = "bic")#(图 6-25)
```

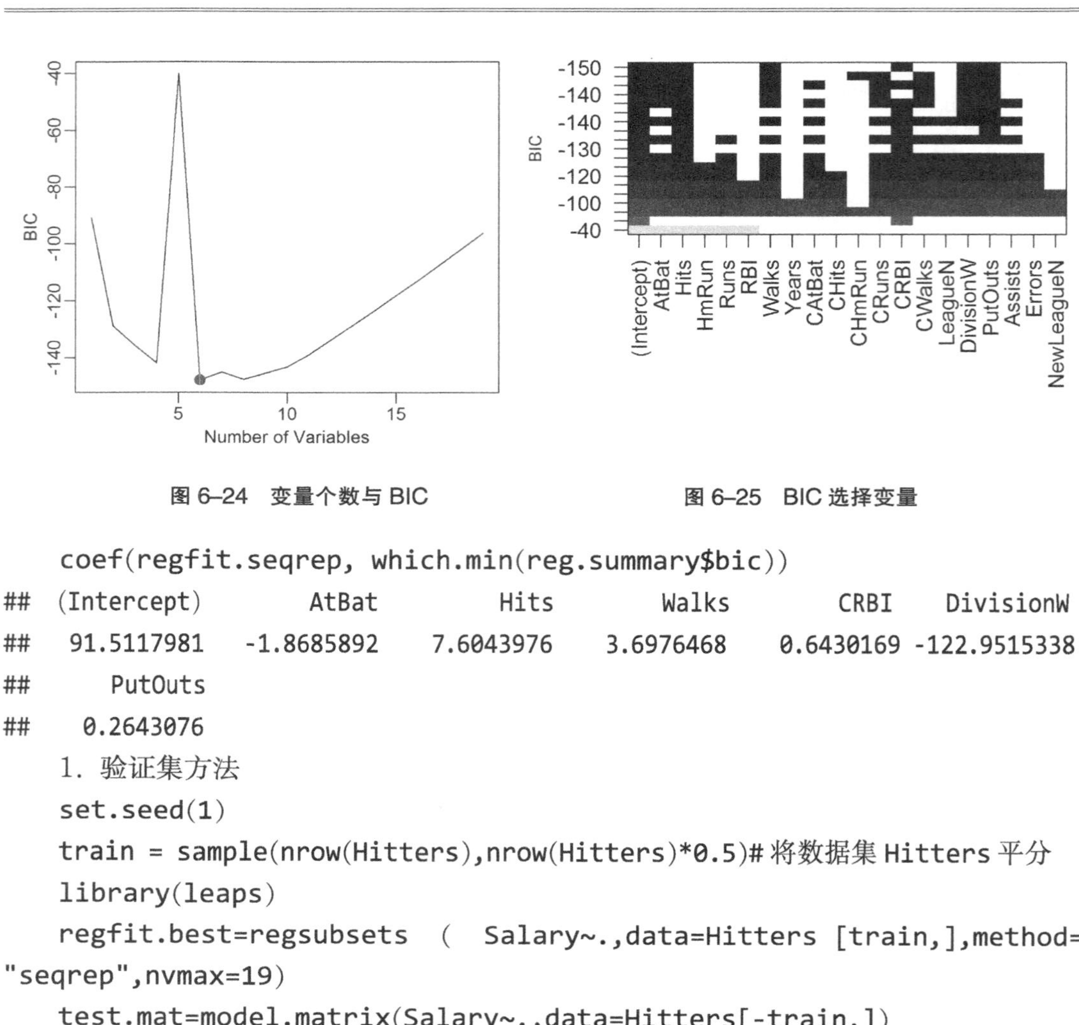

图 6-24　变量个数与 BIC

图 6-25　BIC 选择变量

```
coef(regfit.seqrep, which.min(reg.summary$bic))
## (Intercept)       AtBat        Hits       Walks        CRBI   DivisionW
##  91.5117981  -1.8685892   7.6043976   3.6976468   0.6430169 -122.9515338
##     PutOuts
##   0.2643076
```

1. 验证集方法

```
set.seed(1)
train = sample(nrow(Hitters),nrow(Hitters)*0.5)#将数据集 Hitters 平分
library(leaps)
regfit.best=regsubsets  (  Salary~.,data=Hitters [train,],method=
"seqrep",nvmax=19)
test.mat=model.matrix(Salary~.,data=Hitters[-train,])
val.errors=rep(NA,19)
for(i in 1:19){
 coefi=coef(regfit.best,id=i)
 pred=test.mat[,names(coefi)]%*%coefi
 val.errors[i]= mean((Hitters$Salary[-train]-pred)^2)
  }
val.errors
##  [1] 186716.3 162285.2 151838.6 153123.6 146501.9 144196.0 145793.0 151964.3
##  [9] 156090.9 167313.8 161495.8 161019.2 157633.1 157508.2 162951.4 163458.5
## [17] 173211.6 170200.0 168593.3
which.min(val.errors)
## [1] 6
coef(regfit.best, which.min(val.errors))
## (Intercept)       Walks      CAtBat       CHits      CHmRun   DivisionW
```

```
## 181.7041436    4.2540935    -0.5253895    2.0543314    2.4596055 -131.1657146
##      PutOuts
##   0.1751321
```

2. 交叉验证

```
library(leaps)
k=10
set.seed(1)
folds = sample(1:k,nrow(Hitters),replace=TRUE)
cv.errors = matrix(NA,k,19,dimnames=list(NULL,paste(1:19)))
predict=function(object,newdata,id ,...) {
form=as.formula(object$call[[2]])
mat=model.matrix(form,newdata )
coefi=coef(object,id=id)
xvars=names(coefi)
mat[,xvars]%*%coefi
 }
for(j in 1:k){
best.fit=regsubsets  (Salary~.,data=Hitters  [folds!=j,],method=
"seqrep",nvmax =19)
 for (i in 1:19) {
 pred=predict(best.fit,Hitters[folds==j,],id=i)
 cv.errors[j,i]=mean((Hitters$Salary[folds==j]-pred)^2)
    }
  }
#cv.errors
mean.cv.errors=apply(cv.errors,2,mean)
mean.cv.errors
##        1        2        3        4        5        6        7        8
## 149821.1 130922.0 138035.0 120564.9 139631.1 118161.2 118774.2 123177.4
##        9       10       11       12       13       14       15       16
## 114523.0 115134.0 113251.2 118793.0 117850.7 123090.5 116060.3 118993.0
##       17       18       19
## 119407.4 119887.8 120403.5
which.min(mean.cv.errors)
## 11
plot(mean.cv.errors,type="b")#(图 6-26)
```

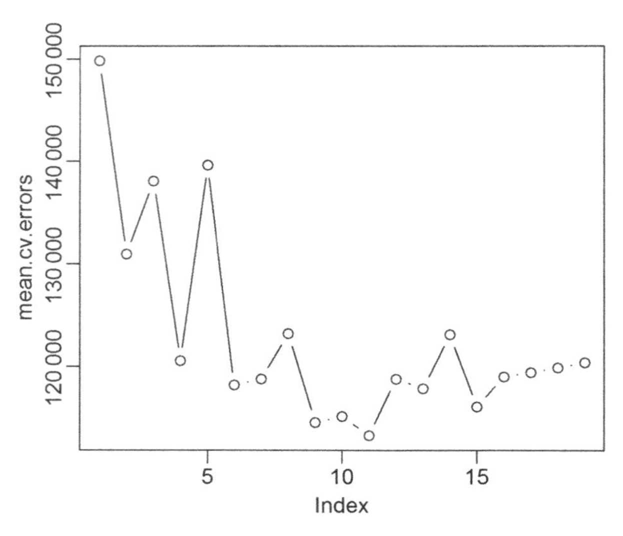

图 6–26　变量个数与 mean.cv.errors

```
reg.best=regsubsets  (Salary~.,data=Hitters,method=  "seqrep",
nvmax=19)
coef(reg.best, which.min(mean.cv.errors))
## (Intercept)       AtBat        Hits       Walks       CAtBat       CRuns
## 135.7512195  -2.1277482   6.9236994   5.6202755  -0.1389914   1.4553310
##        CRBI      CWalks     LeagueN   DivisionW     PutOuts     Assists
##   0.7852528  -0.8228559  43.1116152 -111.1460252   0.2894087   0.2688277
```

3. 不同方法选出的变量

lm()	adjr2	cp	bic	验证集方法	交叉验证
AtBat	AtBat	AtBat	AtBat	AtBat	AtBat
Hits	Hits	Hits	Hits	Hits	Hits
HmRun	HmRun	HmRun	HmRun	HmRun	HmRun
Runs	Runs	Runs	Runs	Runs	Runs
RBI	RBI	RBI	RBI	RBI	RBI
Walks	Walks	Walks	Walks	Walks	Walks
Years	Years	Years	Years	Years	Years
CAtBat	CAtBat	CAtBat	CAtBat	CAtBat	CAtBat
CHits	CHits	CHits	CHits	CHits	CHits
CHmRun	CHmRun	CHmRun	CHmRun	CHmRun	CHmRun
CRuns	CRuns	CRuns	CRuns	CRuns	CRuns
CRBI	CRBI	CRBI	CRBI	CRBI	CRBI
CWalks	CWalks	CWalks	CWalks	CWalks	CWalks
League	League	League	League	League	League
Division	Division	Division	Division	Division	Division

```
PutOuts     PutOuts     PutOuts     PutOuts     PutOuts     PutOuts
Assists     Assists     Assists     Assists     Assists     Assists
Errors      Errors      Errors      Errors      Errors      Errors
NewLeague   NewLeague   NewLeague   NewLeague   NewLeague   NewLeague
    8          11          10          6           6          11
```

四、向前逐步回归

```
library(ISLR)
Hitters <- na.omit(Hitters)#剔除缺失值
fit=lm(Salary~.,Hitters)
summary(fit)
##
## Call:
## lm(formula = Salary ~ ., data = Hitters)
##
## Residuals:
##     Min      1Q  Median      3Q     Max
## -907.62 -178.35  -31.11  139.09 1877.04
##
## Coefficients:
##                 Estimate Std. Error t value Pr(>|t|)
## (Intercept)  163.10359   90.77854   1.797 0.073622 .
## AtBat         -1.97987    0.63398  -3.123 0.002008 **
## Hits           7.50077    2.37753   3.155 0.001808 **
## HmRun          4.33088    6.20145   0.698 0.485616
## Runs          -2.37621    2.98076  -0.797 0.426122
## RBI           -1.04496    2.60088  -0.402 0.688204
## Walks          6.23129    1.82850   3.408 0.000766 ***
## Years         -3.48905   12.41219  -0.281 0.778874
## CAtBat        -0.17134    0.13524  -1.267 0.206380
## CHits          0.13399    0.67455   0.199 0.842713
## CHmRun        -0.17286    1.61724  -0.107 0.914967
## CRuns          1.45430    0.75046   1.938 0.053795 .
## CRBI           0.80771    0.69262   1.166 0.244691
## CWalks        -0.81157    0.32808  -2.474 0.014057 *
## LeagueN       62.59942   79.26140   0.790 0.430424
## DivisionW   -116.84925   40.36695  -2.895 0.004141 **
## PutOuts        0.28189    0.07744   3.640 0.000333 ***
```

```
## Assists          0.37107    0.22120   1.678 0.094723 .
## Errors          -3.36076    4.39163  -0.765 0.444857
## NewLeagueN     -24.76233   79.00263  -0.313 0.754218
## ---
## Signif. codes:  0 '***' 0.001 '**' 0.01 '*' 0.05 '.' 0.1 ' ' 1
##
## Residual standard error: 315.6 on 243 degrees of freedom
## Multiple R-squared:  0.5461, Adjusted R-squared:  0.5106
## F-statistic: 15.39 on 19 and 243 DF,  p-value: < 2.2e-16
library(leaps)
regfit.forward = regsubsets (Salary~.,Hitters,method="forward", nvmax = 19)
reg.summary=summary(regfit.forward)
plot (reg.summary$adjr2,xlab="Number of Variables",ylab="Adjusted RSq",type = "l")
points (which.max (reg.summary$adjr2),reg.summary$adjr2[which.max (reg.summary$adjr2)],col="red",cex=2,pch=20)#(图 6-27)
plot(regfit.forward,scale = "adjr2")#(图 6-28)
```

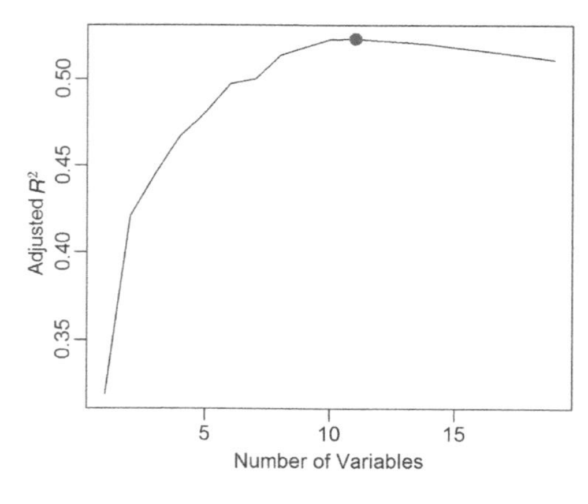

图 6-27 变量个数与 Adjusted R^2

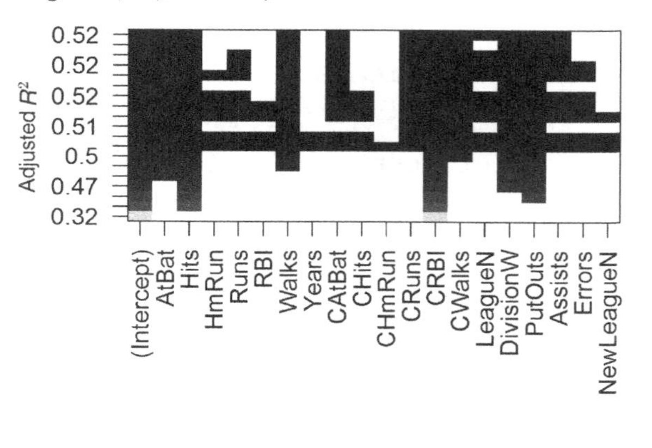

图 6-28 Adjusted R^2 选择变量

```
coef(regfit.forward, which.max(reg.summary$adjr2))
##  (Intercept)        AtBat         Hits        Walks       CAtBat        CRuns
##  135.7512195   -2.1277482    6.9236994    5.6202755   -0.1389914    1.4553310
##         CRBI       CWalks      LeagueN    DivisionW      PutOuts      Assists
##    0.7852528   -0.8228559   43.1116152 -111.1460252    0.2894087    0.2688277
plot(reg.summary$cp,xlab="Number of Variables",ylab="Cp",type = "l")
points (which.min (reg.summary$cp),reg.summary$cp [which.min(reg.summary$cp)],col="red",cex=2,pch=20)#(图 6-29)
```

```
plot(regfit.forward,scale = "Cp")#(图 6-30)
```

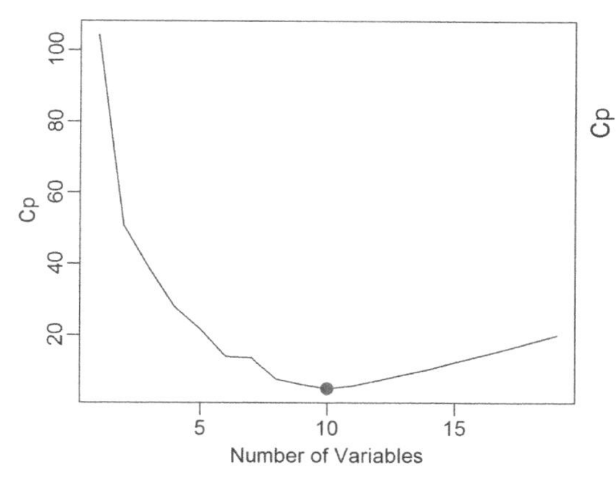

图 6-29　变量个数与 Cp

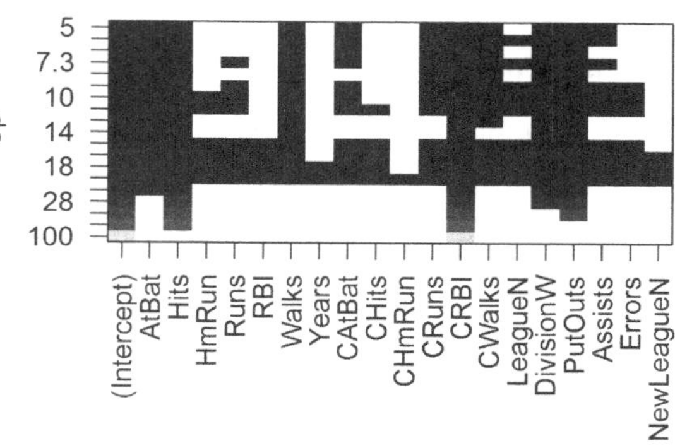

图 6-30　Cp 选择变量

```
coef(regfit.forward, which.min(reg.summary$cp))
##  (Intercept)        AtBat         Hits        Walks       CAtBat        CRuns
##  162.5354420   -2.1686501    6.9180175    5.7732246   -0.1300798    1.4082490
##         CRBI       CWalks    DivisionW      PutOuts      Assists
##    0.7743122   -0.8308264 -112.3800575    0.2973726    0.2831680
plot(reg.summary$bic,xlab="Number of Variables",ylab="BIC",type = "l")
points (which.min (reg.summary $bic),reg.summary $bic [which.min (reg.
summary$bic)],col="red",cex=2,pch=20)#(图 6-31)
plot(regfit.forward,scale = "bic")#(图 6-32)
```

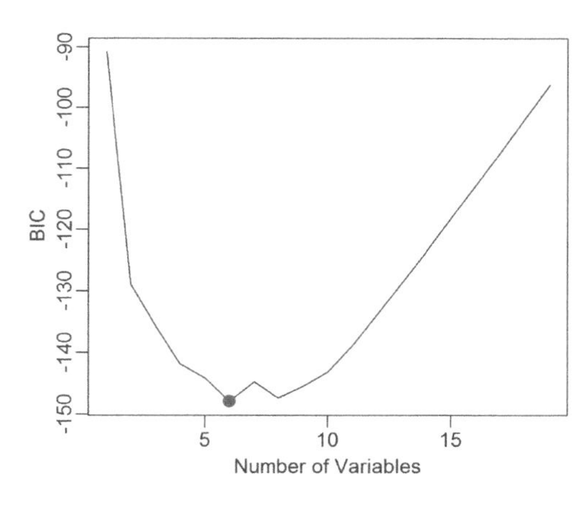

图 6-31　变量个数与 BIC

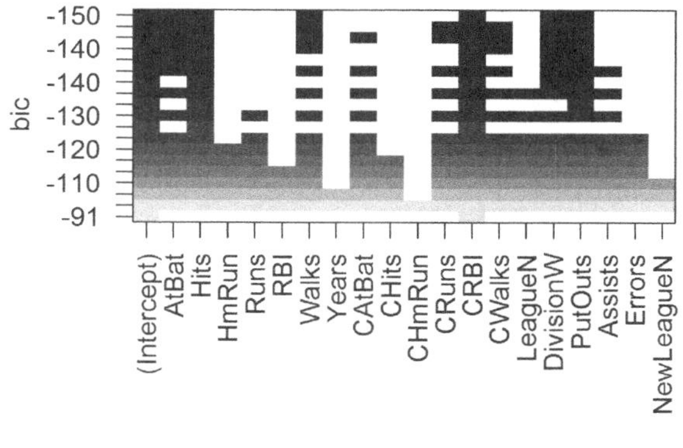

图 6-32　BIC 选择变量

```
coef(regfit.forward, which.min(reg.summary$bic))
##  (Intercept)      AtBat       Hits      Walks       CRBI    DivisionW
##  91.5117981 -1.8685892 7.6043976 3.6976468 0.6430169 -122.9515338
##     PutOuts
```

```
## 0.2643076
```

1. 验证集方法

```
set.seed(1)
train = sample(nrow(Hitters),nrow(Hitters)*0.5)# 将数据集 Hitters 平分
library(leaps)
regfit.best=regsubsets(Salary~.,data=Hitters[train,],method="forward",
nvmax=19)
test.mat=model.matrix(Salary~.,data=Hitters[-train,])
val.errors=rep(NA,19)
for(i in 1:19){
 coefi=coef(regfit.best,id=i)
 pred=test.mat[,names(coefi)]%*%coefi
 val.errors[i]= mean((Hitters$Salary[-train]-pred)^2)
  }
val.errors
##  [1] 186716.3 162285.2 151838.6 153123.6 146501.9 144062.4 142020.5 148497.9
##  [9] 151917.7 154028.1 159146.8 161505.8 161157.5 157793.3 157908.6 163352.4
## [17] 166805.0 166986.7 168593.3
which.min(val.errors)
## [1] 7
coef(regfit.best, which.min(val.errors))
##  (Intercept)        Walks        Years       CAtBat        CHits         CRBI
##  224.0659632    4.0641404  -20.3801886   -0.3581892    1.4138696    0.9343215
##    DivisionW      PutOuts
## -142.3439773    0.1729443
```

2. 交叉验证

```
library(leaps)
k=10
set.seed(1)
folds = sample(1:k,nrow(Hitters),replace=TRUE)
cv.errors = matrix(NA,k,19,dimnames=list(NULL,paste(1:19)))
predict=function(object,newdata,id ,...) {
form=as.formula(object$call[[2]])
mat=model.matrix(form,newdata )
coefi=coef(object,id=id)
xvars=names(coefi)
mat[,xvars]%*%coefi
 }
```

```
for(j in 1：k){
best.fit=regsubsets (Salary~.,data=Hitters [folds!=j,],method="forward",
nvmax =19)
  for (i in 1：19) {
  pred=predict(best.fit,Hitters[folds==j,],id=i)
  cv.errors[j,i]=mean((Hitters$Salary[folds==j]-pred)^2)
     }
   }
#cv.errors
mean.cv.errors=apply(cv.errors,2,mean)
mean.cv.errors
##        1        2        3        4        5        6        7        8
## 149821.1 133092.0 131824.7 125648.9 124357.7 118004.0 116041.9 114684.3
##        9       10       11       12       13       14       15       16
## 115076.2 115798.6 117392.6 114477.3 114742.5 118387.3 119537.6 120771.2
##       17       18       19
## 121158.0 120326.1 120403.5
which.min(mean.cv.errors)
## 12
plot(mean.cv.errors,type="b")#(图 6-33)
```

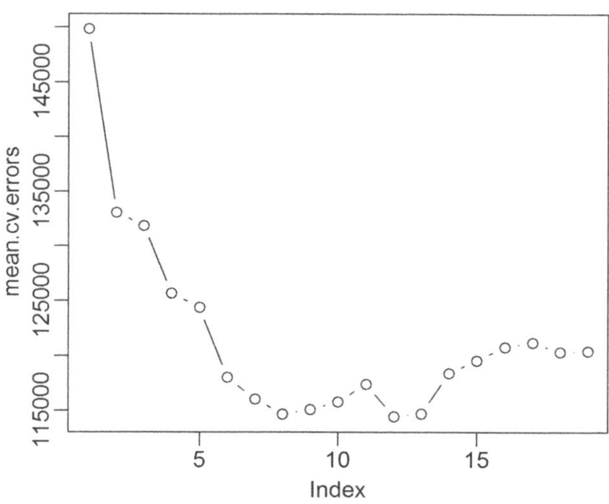

图 6-33 变量个数与 mean.cv.errors

```
reg.best=regsubsets(Salary~.,data=Hitters,nvmax=19)
coef(reg.best, which.min(mean.cv.errors))
##  (Intercept)       AtBat        Hits        Runs       Walks      CAtBat
##  135.5194919  -2.0563475   7.5064072  -1.7965622   6.0619776  -0.1524448
```

```
##        CRuns         CRBI       CWalks      LeagueN    DivisionW      PutOuts
##    1.5589219    0.7775813   -0.8350722   39.0865444 -112.6442519    0.2842332
##      Assists
##    0.2434442
```

3. 不同方法选出的变量

lm()	adjr2	cp	bic	验证集方法	交叉验证
AtBat	AtBat	AtBat	AtBat	AtBat	AtBat
Hits	Hits	Hits	Hits	Hits	Hits
HmRun	HmRun	HmRun	HmRun	HmRun	HmRun
Runs	Runs	Runs	Runs	Runs	Runs
RBI	RBI	RBI	RBI	RBI	RBI
Walks	Walks	Walks	Walks	Walks	Walks
Years	Years	Years	Years	Years	Years
CAtBat	CAtBat	CAtBat	CAtBat	CAtBat	CAtBat
CHits	CHits	CHits	CHits	CHits	CHits
CHmRun	CHmRun	CHmRun	CHmRun	CHmRun	CHmRun
CRuns	CRuns	CRuns	CRuns	CRuns	CRuns
CRBI	CRBI	CRBI	CRBI	CRBI	CRBI
CWalks	CWalks	CWalks	CWalks	CWalks	CWalks
League	League	League	League	League	League
Division	Division	Division	Division	Division	Division
PutOuts	PutOuts	PutOuts	PutOuts	PutOuts	PutOuts
Assists	Assists	Assists	Assists	Assists	Assists
Errors	Errors	Errors	Errors	Errors	Errors
NewLeague	NewLeague	NewLeague	NewLeague	NewLeague	NewLeague
8	11	10	6	7	12

第四节　压缩估计

多元线性回归模型中,如果预测特征数量太多,容易造成过拟合,使测试数据误差方差过大;简化模型是减小方差的一个重要途径。除了直接对特征筛选,也可以进行特征压缩,减少某些不重要的特征系数,系数压缩趋近于0就认为可以舍弃该特征。

岭回归和Lasso回归是在普通最小二乘线性回归的基础上，加上正则项以对参数进行压缩惩罚。

压缩估计方法基于全部p个预测变量进行模型拟合。在普通最小二乘线性回归的基础上加上正则项以对回归系数进行压缩惩罚,将回归系数往零的方向进行压缩。通过系数缩减(正则化)减少回归系数的方差。

在线性回归模型中,通常有两种不同的正则化项:所有参数(不包括截距)的绝对值之和,即 L_1 范数;所有参数(不包括截距)的平方和平方根,即 L_2 范数。

对于线性回归模型,使用 L_1 正则化的模型叫做 Lasso 回归,使用 L_2 正则化的模型叫作 Ridge 回归(岭回归)。

一、岭回归

最小二乘法是通过最小化 RSS(残差平方和)对回归系数进行估计:

$$RSS=\sum_{i=1}^{n}(y_i-\beta_0-\sum_{j=1}^{p}\beta_j x_{ij})^2$$

岭回归通过最小化 $RSS+\lambda\sum_{j=1}^{p}\beta_j^2$ 对回归系数进行估计。

岭回归 (Hoerl and Kennard, 1970)在最小化残差平方和的计算里加入了一个 L_2 范数作为收缩惩罚项,是带范数惩罚的最小二乘回归。

与最小二乘法得到唯一的系数估计结果不同,岭回归的回归系数估计结果随 λ 的改变而改变。

岭回归是一种专用于共线性数据分析的有偏估计回归方法。它通过放弃最小二乘法的无偏性,以损失部分信息、降低精度为代价获得回归系数,是一种更为符合实际、更可靠的回归方法,对病态数据的耐受性远远强于最小二乘法。

岭回归并没有真正解决变量选择的问题。在建模时,同时引入 p 个预测变量,惩罚项可以收缩这些预测变量的系数接近 0,但并非恰好是 0(除非 λ 为无穷大)。

岭回归惩罚项可以将系数往 0 的方向进行缩减,但是不会把任何一个预测变量的系数确切地压缩至 0(除非 $\lambda\to\infty$),无法剔除任何变量,最终模型包含全部的 p 个预测变量。

二、Lasso 回归

Lasso 回归通过最小化 $RSS+\lambda\sum_{j=1}^{p}|\beta_j|$ 对回归系数进行估计。

Lasso 回归也将系数估计值往 0 的方向进行缩减。然而,当调节参数 λ 足够大时,L_1 惩罚项具有将其中某些系数的估计值强制设定为 0 的作用。因此,Lasso 完成了变量选择,得到了稀疏模型,即只包含所有变量的一个子集的模型。与岭回归相同。选择一个合适的 λ 值对 Lasso 十分重要。

使用程序包 glmnet 来实现岭回归和 Lasso 回归。

1. 删除数据集中的缺失值(如果需要)

以 ISLR 包数据集 Hitters 为例:

```
library(ISLR)# 加载 ISLR 包
sum(is.na(Hitters))# 统计数据集的缺失值数量
[1] 59
Hitters2=na.omit(Hitters)# 删除缺失值后生成一个新的数据集 Hitters2
```

如果一个数据集的缺失值数量为 0,就没必要删除缺失值。

2. 构造回归设计矩阵 x

在使用 glmnet()函数时,必须要输入一个 x 矩阵和一个 y 向量。

model.matrix()函数能够生成一个与数据集中全部预测变量相对应的矩阵,并且还能自动将数据集中定性变量转化为哑变量。对于 glmnet()函数而言,自动转化定性变量这一功能十分重要,因为该函数只能处理数值型输入变量。

```
library(Matrix)
library(ISLR)
Hitters <- na.omit(Hitters)
x=model.matrix(Salary~.,Hitters)[,-1]
y=Hitters$Salary
```

3. 选择调整参数 λ

选择合适的 λ 值十分重要。

惩罚项中的 lambda 大于等于 0,是个调整参数,也叫正则化力度,当 λ 趋于 0 的时候,压缩估计就变为最小二乘回归。当 λ 趋于正无穷的时候,压缩估计则是纯截距回归。

通过选择合适的 λ 值对系数进行压缩,使得影响较小特征的系数缩减到趋近于 0,只保留重要特征,使模型复杂程度受到限制,达到避免过拟合的目的。

cv.glmnet()函数利用交叉检验,选择一系列 λ 值,计算每个 λ 的交叉验证误差,然后选择交叉验证误差最小的 λ 值(图 6-34)。

alpha 参数用于确定选择哪一种模型的参数。如果 alpha=0,则选择岭回归模型的 λ 值;如果 alpha =1,则选择 Lasso 模型的 λ 值。

在默认设置下,cv.glmnet()函数使用十折交叉验证选择参数。设置随机种子以保证实验结果的可重复性,因为在交叉验证的过程中选择哪几折数据建模是随机的。

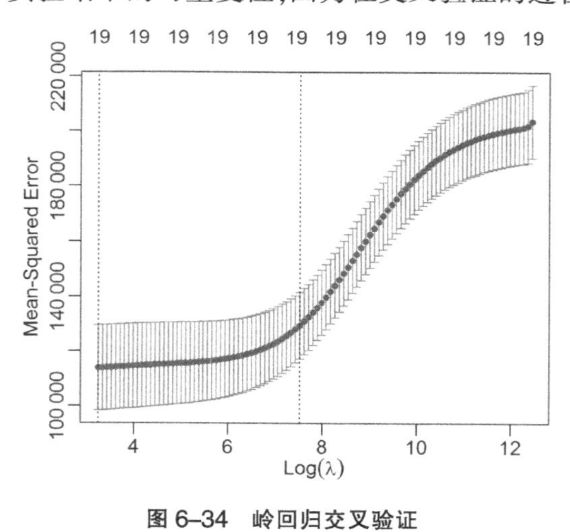

图 6-34 岭回归交叉验证

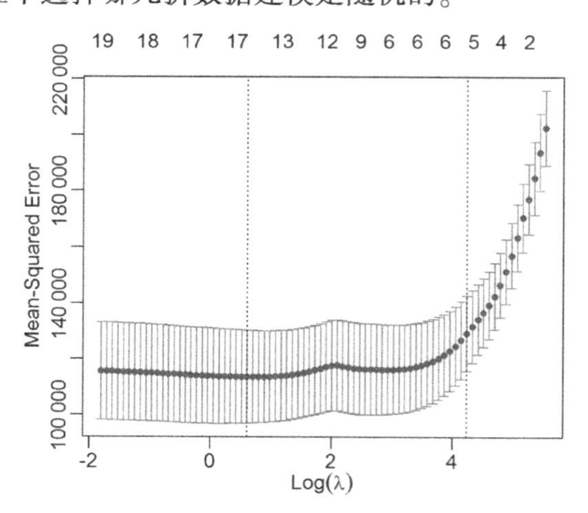

图 6-35 Lasso 回归交叉验证

图 6-35 的横轴是 λ 值的对数,纵轴是模型误差。最佳的 λ 取值就是在曲线的最低点处,它右侧的另一条虚线是在其一倍 SE 内的更简洁的模型。由于这两个 λ 对应的模型误

差变化不大,我们更偏好于简洁的模型。

最优的 λ 值可以用如下命令来提取:

```
cv.glmnet(x,y,alpha=0)$lambda.min
cv.glmnet(x,y,alpha=0)$lambda.1se
```

lambda.min 是指交叉验证中使得均方误差最小的 λ 值,lambda.1se 为离最小均方误差一倍标准差的 λ 值。

4. 建模

利用 glmnet( )函数对所有预测变量进行岭回归和 Lasso 回归。

glmnet 参数设置:

①alpha# 当 alpha=1 时是 lasso 回归,当 alpha=0 时是岭回归。默认 alpha=1。

②Lambda# 函数 cv.glmnet()交叉验证时模型的均方误差最小的 λ 值。

③bestlambda=cv.glm $lambda.min# 交叉验证中使得均方误差最小的 λ 值。

绘制岭迹图(图 6-36)plot 参数设置:

①xvar 来定义 x 轴的度量,“lambda”,表示对数 λ 值。

②label=TRUE 可以显示变量的标签,lwd 设置线条宽度。

例如,

```
plot(glmnet(x,y,alpha=0), xvar="lambda", lwd=2,label=TRUE)# 岭回归建模
```

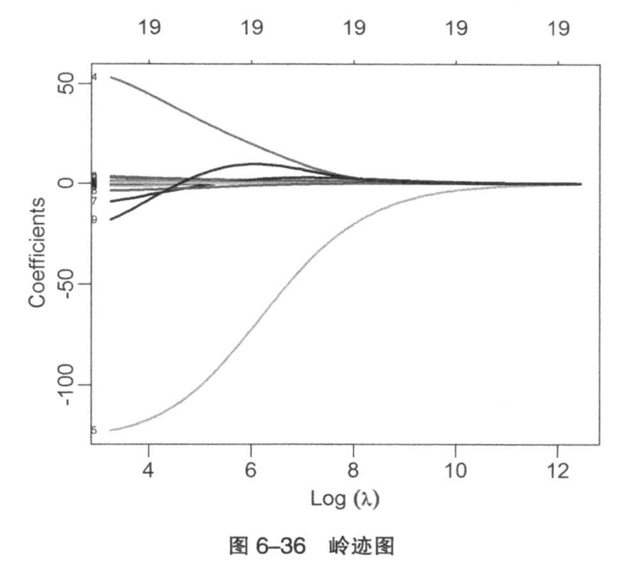

图 6-36 岭迹图

5. 提取与 λ 值对应的回归系数

(1)coef 参数设置

coef 函数中最常用的两个参数为:

①s 指定 λ 值。

②exact 表示是否需要根据提供的 λ 值进行精确地提取。如果 exact=TRUE,那么就返回结果中取精确地匹配 λ,如果没有找到匹配项,那么模型会根据新的 λ 重新拟合模型;如果 exact=FALSE(默认),在没有找到精确匹配的 λ 时,它会直接用线性插值来获取,

不会重新去拟合模型。

当 exact 选取不同的参数时,提取的系数也存在一定程度的差异,但差距不大。没有特别要求的话,使用线性插值得到的结果已经够用了。

```
coef(glmnet(x,y,alpha=0),s= bestlambda)
```

(2)predict 参数设置

type 选择“coefficients”,计算给定 s 下的系数矩阵。

```
predict(glmnet(x,y,alpha=0),s= bestlambda,type="coefficients")
```

6. 给出预测值

predict 参数设置:

①newx# 待预测的输入数据集。

②s 交叉验证均方误差最小的 λ 值。

③type 选择“response”。

```
predict(glmnet(x,y,alpha=0),newx=x[1:6,],type="response",s=bestlambda)
```

三、岭回归 R 实例

```
set.seed(1)# 保证结果重现性
library(ISLR)
Hitters<-na.omit(Hitters)# 删除数据集 Hitters 缺失值
x=model.matrix(Salary~.,Hitters)[,-1]# 建立输入矩阵
y=Hitters$Salary
library(Matrix)
library(foreach)
library(glmnet)
## Loaded glmnet 4.0-2
cv.glm<-cv.glmnet(x,y,alpha=0)
plot(cv.glm)
bestlambda=cv.glm $lambda.min# 交叉验证中使得均方误差最小的λ 值(图 6-37)
bestlambda
## [1] 25.52821
lambda1se=cv.glm $lambda.1se# 离最小均方误差一倍标准差的λ 值
lambda1se
## [1] 1843.343
ridge.Mod1=glmnet(x,y,alpha=0,lambda=bestlambda)
coef(ridge.Mod1)# 提取回归系数
## 20 x 1 sparse Matrix of class "dgCMatrix"
##                              s0
```

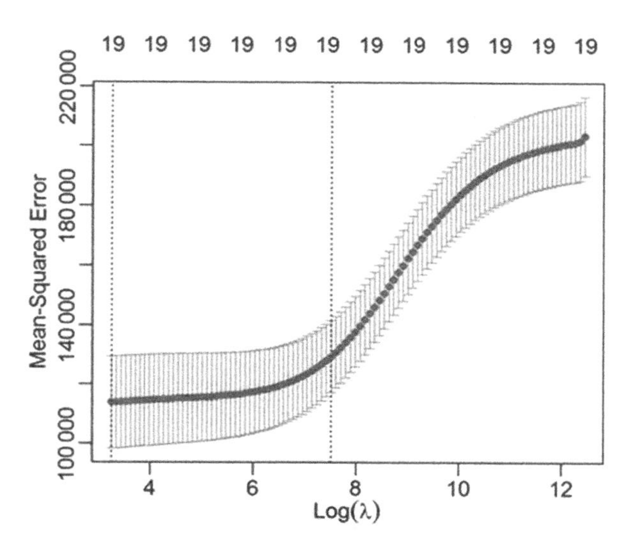

图 6-37 岭回归交叉验证结果

```
## (Intercept)  8.026849e+01
## AtBat       -6.812952e-01
## Hits         2.772992e+00
## HmRun       -1.340141e+00
## Runs         1.026047e+00
## RBI          7.141938e-01
## Walks        3.371476e+00
## Years       -8.948556e+00
## CAtBat      -5.214336e-04
## CHits        1.341345e-01
## CHmRun       6.816500e-01
## CRuns        2.895146e-01
## CRBI         2.610729e-01
## CWalks      -2.750296e-01
## LeagueN      5.315694e+01
## DivisionW   -1.228581e+02
## PutOuts      2.637297e-01
## Assists      1.690823e-01
## Errors      -3.686703e+00
## NewLeagueN  -1.807433e+01
predict(ridge.Mod1, newx=x[1:6,], type="response", s=bestlambda)
##                          1
## -Alan Ashby       443.2892
## -Alvin Davis      675.6574
```

```
## -Andre Dawson     1056.7092
## -Andres Galarraga  520.4331
## -Alfredo Griffin   543.3416
## -Al Newman         217.2109
predict(ridge.Mod1,s= bestlambda,type="coefficients")#提取回归系数
## 20 x 1 sparse Matrix of class "dgCMatrix"
##                          1
## (Intercept)  8.026849e+01
## AtBat       -6.812952e-01
## Hits         2.772992e+00
## HmRun       -1.340141e+00
## Runs         1.026047e+00
## RBI          7.141938e-01
## Walks        3.371476e+00
## Years       -8.948556e+00
## CAtBat      -5.214336e-04
## CHits        1.341345e-01
## CHmRun       6.816500e-01
## CRuns        2.895146e-01
## CRBI         2.610729e-01
## CWalks      -2.750296e-01
## LeagueN      5.315694e+01
## DivisionW   -1.228581e+02
## PutOuts      2.637297e-01
## Assists      1.690823e-01
## Errors      -3.686703e+00
## NewLeagueN  -1.807433e+01
ridge.Mod2=glmnet(x,y,alpha=0,lambda=lambda1se)
coef(ridge.Mod2)
## 20 x 1 sparse Matrix of class "dgCMatrix"
##                         s0
## (Intercept) 159.818183948
## AtBat         0.102447984
## Hits          0.446721730
## HmRun         1.288601247
## Runs          0.702849987
## RBI           0.686853895
## Walks         0.925989201
```

```
## Years          2.713903544
## CAtBat         0.008747957
## CHits          0.034369884
## CHmRun         0.253667779
## CRuns          0.068883626
## CRBI           0.071333983
## CWalks         0.066106465
## LeagueN        5.395500441
## DivisionW    -29.096920425
## PutOuts        0.067808199
## Assists        0.009206081
## Errors        -0.235863469
## NewLeagueN     4.457081089
predict(ridge.Mod2, newx=x[1:6,], type="response", s=bestlambda)
##                          1
## -Alan Ashby        528.8262
## -Alvin Davis       590.2306
## -Andre Dawson      786.2310
## -Andres Galarraga 416.5331
## -Alfredo Griffin   592.2552
## -Al Newman         261.0537
predict(ridge.Mod2,s= bestlambda,type="coefficients")
## 20 x 1 sparse Matrix of class "dgCMatrix"
##                         1
## (Intercept) 159.818183948
## AtBat          0.102447984
## Hits           0.446721730
## HmRun          1.288601247
## Runs           0.702849987
## RBI            0.686853895
## Walks          0.925989201
## Years          2.713903544
## CAtBat         0.008747957
## CHits          0.034369884
## CHmRun         0.253667779
## CRuns          0.068883626
## CRBI           0.071333983
## CWalks         0.066106465
```

```
## LeagueN        5.395500441
## DivisionW    -29.096920425
## PutOuts        0.067808199
## Assists        0.009206081
## Errors        -0.235863469
## NewLeagueN     4.457081089
```

使用 rnorm()函数生成长度为 n=100 的预测变量 X 和长度为 n=100 的噪声向量 ε。

依据以下模型产生长度为 n=100 的响应变量 Y:

$$Y=\beta_0+\beta_1X+\beta_2X^2+\beta_3X^3+\varepsilon$$

式中,β_0,β_1,β_2,β_3是自己选定的常数。

使用岭来拟合模拟数据集,同样使用 $X,X^2,\cdots X^{10}$ 作为预测变量。使用交叉验证选择参数 λ 的值。将交叉验证误差视为 λ 的函数并作出图像(图 6-38)。

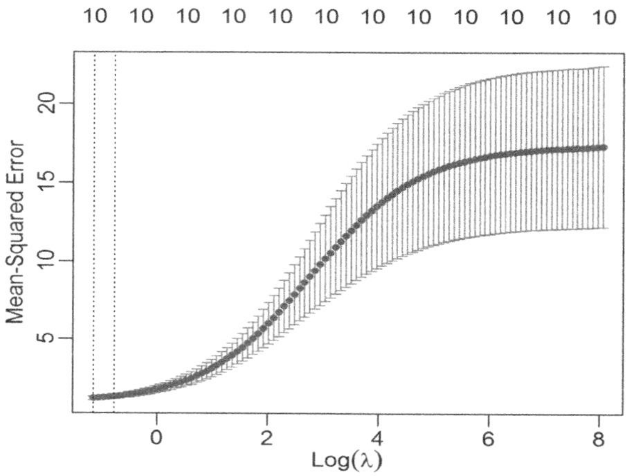

图 6-38 岭回归交叉验证

```
set.seed(1)
X=rnorm(100)
eps=rnorm(100)
beta0 = 3
beta1 = 2
beta2 = -3
beta3 = 0.3
Y = beta0 + beta1 * X + beta2 * X^2 + beta3 * X^3 + eps
data.full = data.frame(y = Y, x = X)
library(Matrix)
library(foreach)
library(glmnet)
## Loaded glmnet 4.0-2
```

```
xmat = model.matrix(y~poly(x,10,raw = T),data=data.full)[,-1]
mod.ridge = cv.glmnet(xmat,Y,alpha=0)
best.lambda= mod.ridge$lambda.min
best.lambda
## [1] 0.3163129
plot(mod.ridge)
best.model=glmnet(xmat,Y,alpha=0)
predict(best.model,s=best.lambda,type="coefficients")
## 11 x 1 sparse Matrix of class "dgCMatrix"
##                                    1
## (Intercept)              2.7265939422
## poly(x, 10, raw = T)1    1.8341124584
## poly(x, 10, raw = T)2   -2.2586254901
## poly(x, 10, raw = T)3    0.1873339354
## poly(x, 10, raw = T)4   -0.1897931775
## poly(x, 10, raw = T)5    0.0181135944
## poly(x, 10, raw = T)6   -0.0080582201
## poly(x, 10, raw = T)7    0.0021684893
## poly(x, 10, raw = T)8    0.0008509337
## poly(x, 10, raw = T)9    0.0002853889
## poly(x, 10, raw = T)10   0.0003282272
```

四、R 语言 Lasso 回归实例

```
set.seed(1)# 保证结果重现性
library(ISLR)
Hitters<-na.omit(Hitters)# 删除数据集 Hitters 缺失值
x=model.matrix(Salary~.,Hitters)[,-1]# 建立输入矩阵
y=Hitters$Salary
library(Matrix)
library(foreach)
library(glmnet)
## Loaded glmnet 4.0-2
cv.glm<-cv.glmnet(x,y,alpha=1)
plot(cv.glm)
bestlambda=cv.glm $lambda.min# 交叉验证中使得均方误差最小的λ 值(图 6-39)
bestlambda
## [1] 1.843343
lambda1se=cv.glm $lambda.1se# 离最小均方误差一倍标准差的λ 值
```

```
lambda1se
## [1] 69.40069
ridge.Mod1=glmnet(x,y,alpha=1,lambda=bestlambda)
coef(ridge.Mod1)# 提取回归系数
```

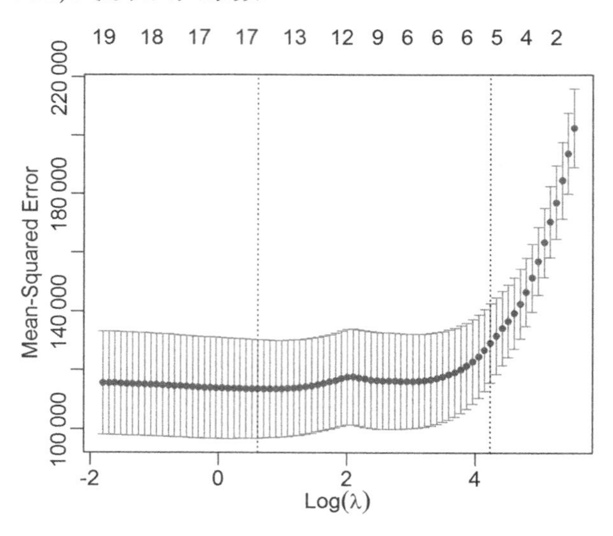

图 6–39 Lasso 回归交叉验证结果

```
## 20 x 1 sparse Matrix of class "dgCMatrix"
##                        s0
## (Intercept)  140.90763204
## AtBat         -1.77419920
## Hits           6.14040466
## HmRun          0.27405869
## Runs           .
## RBI            .
## Walks          5.08459067
## Years         -9.58936207
## CAtBat        -0.01634413
## CHits          .
## CHmRun         0.49378578
## CRuns          0.81104986
## CRBI           0.43041976
## CWalks        -0.62439213
## LeagueN       34.87476809
## DivisionW   -118.24381097
## PutOuts        0.27908966
## Assists        0.22773525
```

```
## Errors          -2.42980111
## NewLeagueN       .
predict(ridge.Mod1, newx=x[1:6,], type="response", s=bestlambda)
##                            1
## -Alan Ashby        405.9783
## -Alvin Davis       700.4422
## -Andre Dawson     1131.0616
## -Andres Galarraga  538.2145
## -Alfredo Griffin   561.0885
## -Al Newman         205.9628
predict(ridge.Mod1,s= bestlambda,type="coefficients")# 提取回归系数
## 20 x 1 sparse Matrix of class "dgCMatrix"
##                           1
## (Intercept)  140.90763204
## AtBat         -1.77419920
## Hits           6.14040466
## HmRun          0.27405869
## Runs           .
## RBI            .
## Walks          5.08459067
## Years         -9.58936207
## CAtBat        -0.01634413
## CHits          .
## CHmRun         0.49378578
## CRuns          0.81104986
## CRBI           0.43041976
## CWalks        -0.62439213
## LeagueN       34.87476809
## DivisionW   -118.24381097
## PutOuts        0.27908966
## Assists        0.22773525
## Errors        -2.42980111
## NewLeagueN     .
ridge.Mod2=glmnet(x,y,alpha=1,lambda=lambda1se)
coef(ridge.Mod2)
## 20 x 1 sparse Matrix of class "dgCMatrix"
##                        s0
## (Intercept) 128.19631883
```

```
## AtBat          .
## Hits           1.42438631
## HmRun          .
## Runs           .
## RBI            .
## Walks          1.58454271
## Years          .
## CAtBat         .
## CHits          .
## CHmRun         .
## CRuns          0.15369557
## CRBI           0.34300137
## CWalks         .
## LeagueN        .
## DivisionW     -8.16797602
## PutOuts        0.08359601
## Assists        .
## Errors         .
## NewLeagueN     .
predict(ridge.Mod2, newx=x[1:6,], type="response", s=bestlambda)
##                            1
## -Alan Ashby        541.3723
## -Alvin Davis       624.8545
## -Andre Dawson      819.0772
## -Andres Galarraga 390.1045
## -Alfredo Griffin  632.0326
## -Al Newman         228.2252
predict(ridge.Mod2,s= bestlambda,type="coefficients")
## 20 x 1 sparse Matrix of class "dgCMatrix"
##                          1
## (Intercept) 128.19631883
## AtBat          .
## Hits           1.42438631
## HmRun          .
## Runs           .
## RBI            .
## Walks          1.58454271
## Years          .
```

```
## CAtBat         .
## CHits          .
## CHmRun         .
## CRuns          0.15369557
## CRBI           0.34300137
## CWalks         .
## LeagueN        .
## DivisionW     -8.16797602
## PutOuts        0.08359601
## Assists        .
## Errors         .
## NewLeagueN     .
```

第五节 降维方法

当两个变量之间有一定相关关系时，可以解释为这两个变量反映的信息有一定的重叠。由于自变量间存在多重共线性(预测变量之间有一定的相关关系)，在建立多元线性回归方程时，常常会发现某些自变量的系数极不稳定，当增减变量时，其值会出现很大变化，甚至出现与实际情况相悖的符号，以致难以对所建回归方程进行符合实际的解释。主成分回归分析 (Principal Component Regression，简称 PCR)是一种多元回归分析方法，旨在解决自变量间存在多重共线性问题。

如果一个数据集有 k 个预测变量，就可以提取 k 个主成分。主成分能够反映原始变量的大部分信息，每个主成分都是这 k 个预测变量的线性组合，这些主成分之间没有相关性。其中，最大程度地解释了观测变量之间方差的线性组合为第一主成分，以此类推。

并不是每个主成分的作用都非常关键，因此，我们只选择作用比较关键的几个，主成分数量 M 一般通过交叉验证确定。

做主成分分析的变量，一是变量之间要有显著的相关性，即变量之间存在多重共线性，二是变量的数目比较多，这样的变量比较适合做主成分分析。在决定做主成分分析之前，应该诊断一下原始变量是否符合要求，当原始数据大部分变量的相关系数都小于 0.3 时，运用主成分分析不会取得很好的效果，所以绝大多数变量之间的相关系数应该大于 0.3。

偏最小二乘(PLS)，是一种有指导的主成分回归替代方法。偏最小二乘是一种降维手段，它将原始变量的线性组合作为新的变量集，然后用这 M 个新变量拟合最小二乘模型。与主成分回归不同，偏最小二乘通过有指导的方法进行新特征提取，也就是说，偏最小二乘利用了响应变量 Y 的信息筛选新变量。

同主成分回归一样，偏最小二乘方向的个数 M 也是一个需要调整的参数，一般通过交叉验证选择。一般情况下，偏最小二乘回归前应对预测变量和响应变量标准化处理。

偏最小二乘在实践中,它的表现通常没有岭回归或主成分回归好。作为有指导的降维技术. PLS虽然可以减小偏差,但它可能同时增大方差,所以总体来说PLS与PCR各有优劣。

一、使用pcr()函数进行主成分回归

```
library(pls)
library(ISLR)
Hitters <- na.omit(Hitters)
set.seed(2)
pcr.fit=pcr(Salary~.,data=Hitters,scale=TRUE,validation="CV")
summary(pcr.fit)
## Data:     X dimension: 263 19
##  Y dimension: 263 1
## Fit method: svdpc
## Number of components considered: 19
##
## VALIDATION: RMSEP
## Cross-validated using 10 random segments.
##        (Intercept)  1 comps  2 comps  3 comps  4 comps  5 comps  6 comps
## CV             452    351.9    353.2    355.0    352.8    348.4    343.6
## adjCV          452    351.6    352.7    354.4    352.1    347.6    342.7
##        7 comps  8 comps  9 comps  10 comps  11 comps  12 comps  13 comps
## CV       345.5    347.7    349.6     351.4     352.1     353.5     358.2
## adjCV    344.7    346.7    348.5     350.1     350.7     352.0     356.5
##        14 comps  15 comps  16 comps  17 comps  18 comps  19 comps
## CV        349.7     349.4     339.9     341.6     339.2     339.6
## adjCV     348.0     347.7     338.2     339.7     337.2     337.6
## TRAINING: % variance explained
##         1 comps  2 comps  3 comps  4 comps  5 comps  6 comps  7 comps  8 comps
## X         38.31    60.16    70.84    79.03    84.29    88.63    92.26    94.96
## Salary    40.63    41.58    42.17    43.22    44.90    46.48    46.69    46.75
##         9 comps  10 comps  11 comps  12 comps  13 comps  14 comps  15 comps
## X         96.28     97.26     97.98     98.65     99.15     99.47     99.75
## Salary    46.86     47.76     47.82     47.85     48.10     50.40     50.55
##         16 comps  17 comps  18 comps  19 comps
## X          99.89     99.97     99.99    100.00
## Salary     53.01     53.85     54.61     54.61
#用训练集寻找交叉验证误差最小的主成分个数(图6-40)
```

```
set.seed(1)
train=sample(c(TRUE,FALSE),nrow (Hitters),rep=TRUE)
test=(!train)
pcr.fit=pcr      (Salary~.,data=Hitters,subset=train,scale=TRUE,
validation="CV")
validationplot(pcr.fit,val.type="MSEP")
```

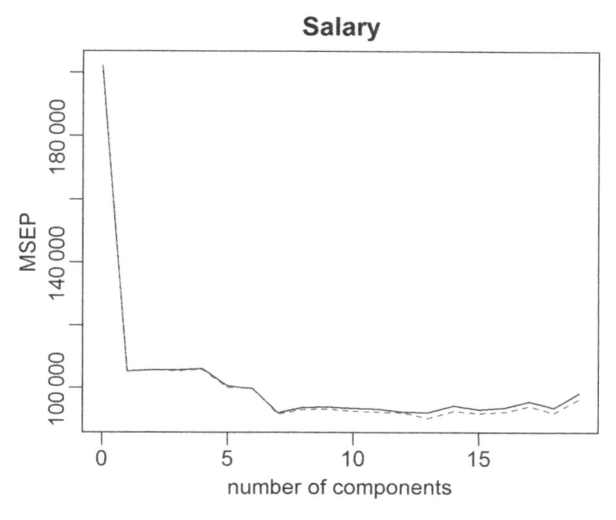

图 6-40 寻找交叉验证误差最小的主成分个数

```
# 计算测试集的均方误差
pcr.pred=predict(pcr.fit,Hitters[test,],ncomp=7)# 不注明 ncomp=7,所有主成分算一遍
mean((pcr.pred-Hitters[test,]$Salary)^2)
## [1] 145656
# 用主成分个数 M=7 拟合 PCR 模型
pcr.fit=pcr(Salary~.,data=Hitters,scale=TRUE,,ncomp=7)
summary(pcr.fit)
## Data:     X dimension: 263 19
##  Y dimension: 263 1
## Fit method: svdpc
## Number of components considered: 7
## TRAINING: % variance explained
##          1 comps  2 comps  3 comps  4 comps  5 comps  6 comps  7 comps
## X         38.31    60.16    70.84    79.03    84.29    88.63    92.26
## Salary    40.63    41.58    42.17    43.22    44.90    46.48    46.69
```

二、偏最小二乘

```
set.seed(2)
pls.fit=plsr  (Salary~.,data=Hitters,  subset=train,scale=TRUE,
validation="CV")
summary(pls.fit)
## Data:    X dimension: 134 19
##  Y dimension: 134 1
## Fit method: kernelpls
## Number of components considered: 19
##
## VALIDATION: RMSEP
## Cross-validated using 10 random segments.
##        (Intercept)  1 comps  2 comps  3 comps  4 comps  5 comps  6 comps
## CV           449.8    322.5    318.3    314.2    313.9    317.5    319.3
## adjCV        449.8    322.1    316.5    312.9    312.3    315.3    316.8
##        7 comps  8 comps  9 comps  10 comps  11 comps  12 comps  13 comps
## CV       321.0    320.8    323.0     323.2     325.0     320.7     320.6
## adjCV    318.3    318.0    319.9     320.1     321.7     317.5     317.4
##        14 comps  15 comps  16 comps  17 comps  18 comps  19 comps
## CV        319.6     319.7     319.8     320.5     323.0     324.8
## adjCV     316.5     316.6     316.6     317.3     319.6     321.2
##
## TRAINING: % variance explained
##         1 comps  2 comps  3 comps  4 comps  5 comps  6 comps  7 comps  8 comps
## X         40.51    48.93    63.24    74.91    80.20    84.62    89.20    91.34
## Salary    51.12    58.71    60.57    61.56    62.85    63.94    64.45    64.88
##         9 comps  10 comps  11 comps  12 comps  13 comps  14 comps  15 comps
## X         93.35     95.61     97.85     98.19     98.62     98.88     99.14
## Salary    65.18     65.40     65.57     66.04     66.19     66.39     66.48
##         16 comps  17 comps  18 comps  19 comps
## X          99.33     99.68     99.69    100.00
## Salary     66.54     66.55     66.58     66.58
validationplot(pls.fit,val.type="MSEP")#(图 6-41)
```

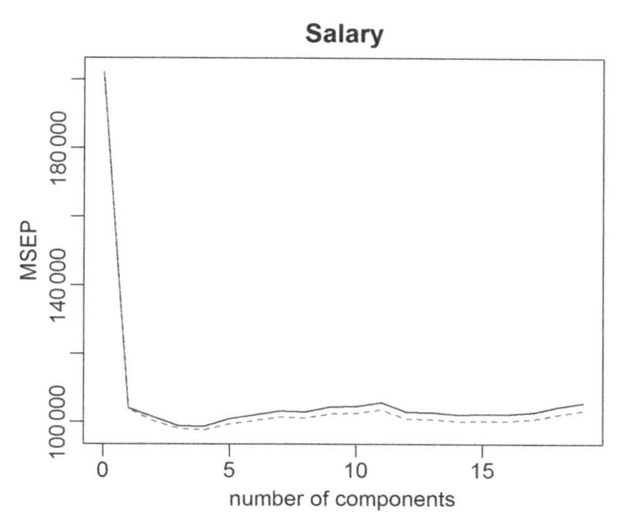

图 6-41　主成分个数与 MSEP

```
pls.pred=predict(pls.fit,Hitters[test,],ncomp=2)
mean((pls.pred-Hitters[test,]$Salary)^2)
## [1] 146146.8
pls.fit=plsr(Salary~.,data=Hitters,scale=TRUE,,ncomp=2)
summary(pls.fit)
## Data:    X dimension: 263 19
##  Y dimension: 263 1
## Fit method: kernelpls
## Number of components considered: 2
## TRAINING: % variance explained
##          1 comps  2 comps
## X          38.08    51.03
## Salary     43.05    46.40
```

第七章 非线性拟合

一、多项式拟合

1. 多项式拟合的四种命令格式

(1)第一种格式

```
library(ISLR)
attach(Wage)
fit=lm(wage~poly(age,4),data=Wage)
coef(summary(fit))
##                   Estimate Std. Error    t value     Pr(>|t|)
## (Intercept)     111.70361  0.7287409 153.283015 0.000000e+00
## poly(age, 4)1  447.06785 39.9147851  11.200558 1.484604e-28
## poly(age, 4)2 -478.31581 39.9147851 -11.983424 2.355831e-32
## poly(age, 4)3  125.52169 39.9147851   3.144742 1.678622e-03
## poly(age, 4)4  -77.91118 39.9147851  -1.951938 5.103865e-02
```

(2)第二种格式

```
library(ISLR)
attach(Wage)
fit=lm(wage~poly(age,4,raw=TRUE),data=Wage)
coef(summary(fit))
##                              Estimate   Std. Error   t value     Pr(>|t|)
## (Intercept)             -1.841542e+02 6.004038e+01 -3.067172 0.0021802539
## poly(age, 4, raw = TRUE)1  2.124552e+01 5.886748e+00  3.609042 0.0003123618
## poly(age, 4, raw = TRUE)2 -5.638593e-01 2.061083e-01 -2.735743 0.0062606446
## poly(age, 4, raw = TRUE)3  6.810688e-03 3.065931e-03  2.221409 0.0263977518
## poly(age, 4, raw = TRUE)4 -3.203830e-05 1.641359e-05 -1.951938 0.0510386498
```

【注释】

poly(age,4,raw=TRUE)# 此命令把自变量 age 的每一个值,分别生成其一次、二次、三次、四次方。例如:对于 age=18 的自变量值,结果是:

[1,] 18 324 5832 104976 poly(age,4)# 此命令对预测变量进行变换,使其可以在线性模型中使用。同样是 age=18 的自变量值,变换结果如下:

[1,] -0.0386247992 0.0559087274 -0.0717405794 0.086729854

使用不同的命令,产生的回归系数不同,但拟合模型的预测结果一样!

(3)第三种格式

```
library(ISLR)
attach(Wage)
fit2=lm(wage~age+I(age^2)+I(age^3)+I(age^4),data=Wage)
coef(summary(fit2))
##                  Estimate  Std. Error   t value     Pr(>|t|)
## (Intercept) -1.841542e+02 6.004038e+01 -3.067172 0.0021802539
## age           2.124552e+01 5.886748e+00  3.609042  0.0003123618
## I(age^2)    -5.638593e-01 2.061083e-01 -2.735743 0.0062606446
## I(age^3)     6.810688e-03 3.065931e-03  2.221409 0.0263977518
## I(age^4)    -3.203830e-05 1.641359e-05 -1.951938 0.0510386498
```

(4)第四种格式

```
library(ISLR)
attach(Wage)

fit3=lm(wage~cbind(age,age^2,age^3,age^4),data=Wage)
coef(summary(fit3))

##                                          Estimate   Std. Error   t value
## (Intercept)                          -1.841542e+02 6.004038e+01 -3.067172
## cbind(age, age^2, age^3, age^4)age    2.124552e+01 5.886748e+00  3.609042
## cbind(age, age^2, age^3, age^4)      -5.638593e-01 2.061083e-01 -2.735743
## cbind(age, age^2, age^3, age^4)       6.810688e-03 3.065931e-03  2.221409
## cbind(age, age^2, age^3, age^4)      -3.203830e-05 1.641359e-05 -1.951938
##                                          Pr(>|t|)
## (Intercept)                          0.0021802539
## cbind(age, age^2, age^3, age^4)age  0.0003123618
## cbind(age, age^2, age^3, age^4)     0.0062606446
## cbind(age, age^2, age^3, age^4)     0.0263977518
## cbind(age, age^2, age^3, age^4)     0.0510386498
```

2. 确定多项式拟合次数的方法

用 age 预测 wage,用交叉验证法选择多项式的最优自由度 d,用 ANOVA 假设检验的结果验证。

```
set.seed(1)
library(ISLR)
library(boot)
all.deltas = rep(NA, 10)
```

```
for (i in 1:10) {
glm.fit=glm(wage~poly(age,i),data=Wage)
all.deltas[i]=cv.glm(Wage,glm.fit,K=10)$delta[2]
}
plot(1:10, all.deltas, xlab="Degree", ylab="CV error", type="l", pch=20, lwd=2, ylim=c(1590, 1700))
min.point = min(all.deltas)
sd.points = sd(all.deltas)
abline(h=min.point + 0.2 * sd.points, col="red", lty="dashed")
abline(h=min.point - 0.2 * sd.points, col="red", lty="dashed")
legend ("topright", "0.2-standard deviation lines", lty="dashed", col="red")
```

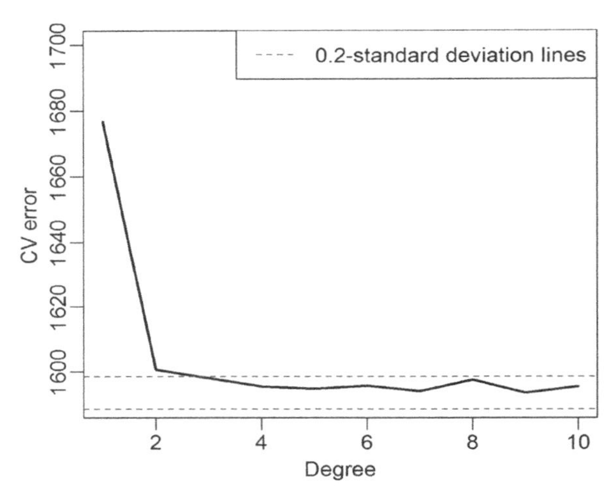

图 7-1 用交叉验证法选择多项式的最优自由度

带有标准偏差线的 cv 图(图 7-1)显示 d = 3,d = 3 是交叉验证误差较小时最小的自由度。

```
library(ISLR)
attach(Wage)
fit.1 = lm(wage~poly(age, 1), data=Wage)
fit.2 = lm(wage~poly(age, 2), data=Wage)
fit.3 = lm(wage~poly(age, 3), data=Wage)
fit.4 = lm(wage~poly(age, 4), data=Wage)
fit.5 = lm(wage~poly(age, 5), data=Wage)
fit.6 = lm(wage~poly(age, 6), data=Wage)
fit.7 = lm(wage~poly(age, 7), data=Wage)
fit.8 = lm(wage~poly(age, 8), data=Wage)
fit.9 = lm(wage~poly(age, 9), data=Wage)
```

```
fit.10 = lm(wage~poly(age, 10), data=Wage)
anova(fit.1, fit.2, fit.3, fit.4, fit.5, fit.6, fit.7, fit.8, fit.
9, fit.10)
## Analysis of Variance Table
##
## Model  1: wage ~ poly(age, 1)
## Model  2: wage ~ poly(age, 2)
## Model  3: wage ~ poly(age, 3)
## Model  4: wage ~ poly(age, 4)
## Model  5: wage ~ poly(age, 5)
## Model  6: wage ~ poly(age, 6)
## Model  7: wage ~ poly(age, 7)
## Model  8: wage ~ poly(age, 8)
## Model  9: wage ~ poly(age, 9)
## Model 10: wage ~ poly(age, 10)
##    Res.Df     RSS Df Sum of Sq        F    Pr(>F)
## 1    2998 5022216
## 2    2997 4793430  1    228786 143.7638 < 2.2e-16 ***
## 3    2996 4777674  1     15756   9.9005  0.001669 **
## 4    2995 4771604  1      6070   3.8143  0.050909 .
## 5    2994 4770322  1      1283   0.8059  0.369398
## 6    2993 4766389  1      3932   2.4709  0.116074
## 7    2992 4763834  1      2555   1.6057  0.205199
## 8    2991 4763707  1       127   0.0796  0.777865
## 9    2990 4756703  1      7004   4.4014  0.035994 *
## 10   2989 4756701  1         3   0.0017  0.967529
## ---
## Signif. codes:  0 '***' 0.001 '**' 0.01 '*' 0.05 '.' 0.1 ' ' 1
```

统计结果表明,3 次或 3 次以上的多项式,不显著。

首先随机地将数据集分为两个集合,一般情况下训练集和测试集按 7∶3 划分,首先在训练集上拟合多个模型,用测试集评价这些建立的模型,均方误差作为评价指标。

```
library(ISLR)
attach(Auto)
set.seed(1)
train=sample(nrow(Auto), nrow(Auto)*0.7)
train_data=Auto[train,]
test_data=Auto[-train,]
trainMES= rep(NA, 12)
```

```
for (i in 1:12) {
  lm.fit = lm(mpg ~ poly(horsepower, i), data = train_data)
  trainMES [i] = mean(lm.fit$residuals^2)
}
trainMES

testMES= rep(NA, 12)
for (i in 1:12) {
  lm.fit = lm(mpg ~ poly(horsepower, i), data = train_data)
  testMES [i] = mean((test_data$ mpg -predict(lm.fit,test_data))^2)
}
testMES
plot(trainMES,type="o")
points(testMES,col="red", type="o")
```

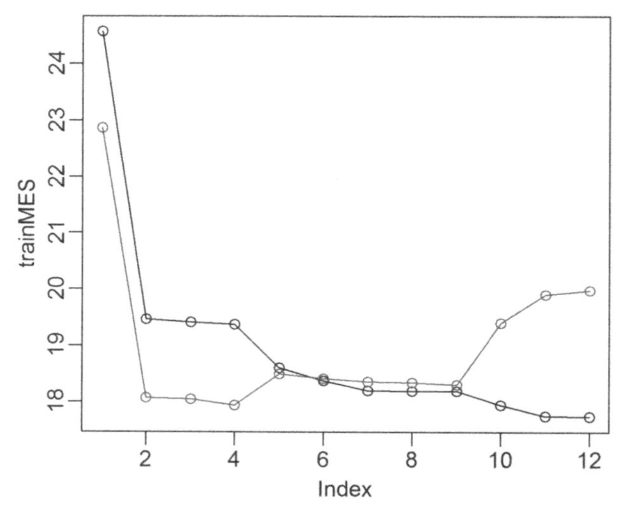

图 7-2 用均方误差评价模型

```
—trainMES
—testMES
##trainMES
## [1]  24.55673  19.45203  19.40571  19.36567  18.60844  18.37249
18.19745 18.19095
##[9] 18.18990 17.94872 17.75334 17.74806
##testMES
## [1]  22.86834  18.07092  18.04324  17.93951  18.49449  18.41162
18.36217 18.34440
##[9] 18.30377 19.39223 19.90116 19.97474
```

模型在测试集上的误差在一开始是随着训练集的误差的下降而下降的。当 Degree 达到一定数值后,模型在训练集上的误差虽然还在下降,但是在测试集上的误差却不再下降了。(图 7-2)

当 Degree =1 时,训练误差和测试误差都很大,此时模型存在欠拟合问题;当 Degree =4 时,训练误差和测试误差都很小,当 Degree >4 时,训练误差继续减小,但验证误差开始增大,此时,我们的模型开始过拟合了。通过对图 7-2 的观察,可以取 4 作为多项式模型的次数。

在子集划分时设置种子,是为了保证结果的重现性,不同的子集划分方法,可能导致 MES 不同,但对问题结论没有影响.

3. 散点图叠加拟合线(图 7-3)

```
plot(wage~age, data=Wage, col="darkgrey")
agelims = range(Wage$age)
age.grid = seq(from=agelims[1], to=agelims[2])
lm.fit = lm(wage~poly(age, 3), data=Wage)
lm.pred = predict(lm.fit, data.frame(age=age.grid))
lines(age.grid, lm.pred, col="blue", lwd=2)
```

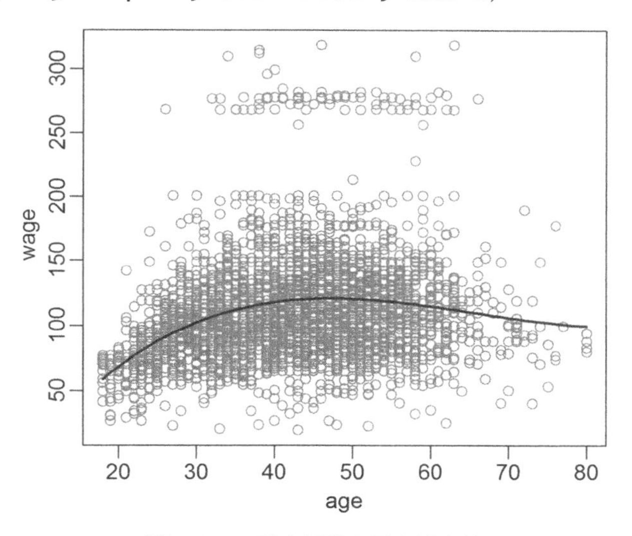

图 7-3 二元变量散点图和拟合线

二、阶梯函数

1. 10 折交叉验证确认分割点(图 7-4)

```
set.seed(1)
library(boot)
library(ISLR)
attach(Wage)
all.cvs = rep(NA, 10)
for (i in 2:10) {
```

```
    Wage$age.cut = cut(Wage$age, i)
    lm.fit = glm(wage~age.cut, data=Wage)
    all.cvs[i] = cv.glm(Wage, lm.fit, K=10)$delta[2]
  }
  plot (2:10, all.cvs [-1], xlab="Number of cuts", ylab="CV error",
type="l", pch=20, lwd=2)
```

2. 用 cut()函数对变量 age 进行分割,然后拟合(图 7-5)

```
Wage$age.cut = cut(Wage$age, 8)
lm.fit = glm(wage~age.cut, data=Wage)
plot(age, wage)
lines(lm.fit$fitted.values[order(age)]~sort(age) ,col='red',lwd=2)
```


图 7-4 十折交叉验证确认分割点

图 7-5 变量分割拟合

```
summary(lm.fit)
##Call:
##glm(formula = wage ~ age.cut, data = Wage)
##Deviance Residuals:
##     Min        1Q    Median       3Q      Max
##-99.697  -24.552   -5.307   15.417  198.560
##Coefficients:
##                      Estimate Std. Error t value Pr(>|t|)
##(Intercept)            76.282      2.630  29.007  < 2e-16 ***
##age.cut(25.8,33.5]    25.833      3.161   8.172 4.44e-16 ***
##age.cut(33.5,41.2]    40.226      3.049  13.193  < 2e-16 ***
##age.cut(41.2,49]      43.501      3.018  14.412  < 2e-16 ***
##age.cut(49,56.8]      40.136      3.177  12.634  < 2e-16 ***
##age.cut(56.8,64.5]    44.102      3.564  12.373  < 2e-16 ***
```

```
##age.cut(64.5,72.2]   28.948       6.042   4.792 1.74e-06 ***
##age.cut(72.2,80.1]   15.224       9.781   1.556      0.12
##---
##Signif. codes: 0 '***'0.001 '**'0.01 '*'0.05 '.'0.1 ' '1
##(Dispersion parameter for gaussian family taken to be 1597.576)
##Null deviance: 5222086 on 2999 degrees of freedom
##Residual deviance: 4779946 on 2992 degrees of freedom
##AIC: 30652
##Number of Fisher Scoring iterations: 2
```

三、样条

不把训练集作为一个整体,而是把它划分成多个连续的区间,然后针对每一部分拟合线性或非线性的低阶多项式函数,这种方法被称为回归样条。

R 中 splines 包提供拟合回归样条的函数。

1. bs()函数

bs()函数能用来产生针对给定结点的所有样条基函数的矩阵。bs()默认生成三次样条。以下代码可以方便地实现 wage 对 age 的回归样条(图 7-6)。

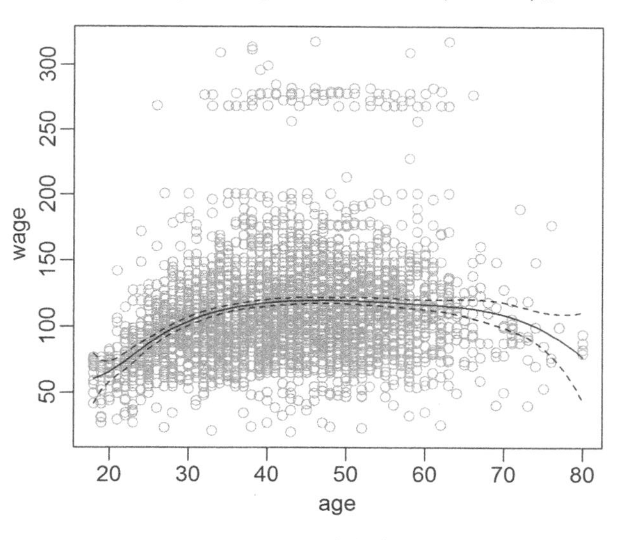

图 7–6 回归样条

```
library(splines)
fit=lm(wage~bs(age,knots=c(25,40,60)),data=Wage)
agelims = range ( age )
age .grid =seq ( from= agelims [1], to= agelims [2])
pred=predict(fit,newdata=list(age=age.grid),se=T)
plot(age,wage,col="gray")
lines(age.grid,pred$fit,lwd=2)
```

```
lines(age.grid,pred$fit+2*pred$se,lty="dashed")
lines(age.grid,pred$fit-2*pred$se,lty="dashed")
2. 自然样条 -ns()函数
library(ISLR)
attach(Wage)
library(splines)
fit2=lm(wage~ns(age,df=4),data=Wage)
summary(fit2)
##
## Call:
## lm(formula = wage ~ ns(age, df = 4), data = Wage)
##
## Residuals:
##     Min      1Q  Median      3Q     Max
## -98.737 -24.477  -5.083  15.371 204.874
##
## Coefficients:
##                  Estimate Std. Error t value Pr(>|t|)
## (Intercept)        58.556      4.235  13.827   <2e-16 ***
## ns(age, df = 4)1   60.462      4.190  14.430   <2e-16 ***
## ns(age, df = 4)2   41.963      4.372   9.597   <2e-16 ***
## ns(age, df = 4)3   97.020     10.386   9.341   <2e-16 ***
## ns(age, df = 4)4    9.773      8.657   1.129    0.259
## ---
## Signif. codes:  0 '***' 0.001 '**' 0.01 '*' 0.05 '.' 0.1 ' ' 1
##
## Residual standard error: 39.92 on 2995 degrees of freedom
## Multiple R-squared:  0.08598,    Adjusted R-squared:  0.08476
## F-statistic: 70.43 on 4 and 2995 DF,  p-value: < 2.2e-16
```

四、R 实例

本题中使用 Boston 数据中的两个变量:一个是 dis (到波士顿五个就业中心的加权平均距离),另一个变量是 nox(每十万分之一的氮氧化物颗粒浓度)。将 dis 作为预测变量,nox 作为响应变量。

(a)用 poly()函数对 dis 和 nox 拟合三次多项式回归模型。输出回归结果并画出数据点及拟合曲线。

(b)尝试不同阶数(如,从 1 到 10)的多项式模型拟合数据,画出拟合结果,同时画出相应的残差平方和曲线。

(c)应用变叉验证或者其他方法选择合适的多项式模型的阶数并解释你的结果。

(d)用 bs()函数对 dis 和 nox 拟合回归样条,并输出自由度为 4 时候的结果。同时阐述选择结点的过程,最后画出拟合曲线。

(e)尝试一组不同的自由度拟合回归样条,同时画出拟合曲线图和相应的 RSS,并解释你得到的结果。

(f)应用交叉验证或者其他方法选择合适的回归样条模型的自由度并解释结果。

【解答】

(a)

```
set.seed(1)
library(MASS)
attach(Boston)
lm.fit = lm(nox ~ poly(dis, 3), data = Boston)
summary(lm.fit)
##
## Call:
## lm(formula = nox ~ poly(dis, 3), data = Boston)
##
## Residuals:
##       Min        1Q    Median        3Q       Max
## -0.121130 -0.040619 -0.009738  0.023385  0.194904
##
## Coefficients:
##                Estimate Std. Error t value Pr(>|t|)
## (Intercept)    0.554695   0.002759 201.021  < 2e-16 ***
## poly(dis, 3)1 -2.003096   0.062071 -32.271  < 2e-16 ***
## poly(dis, 3)2  0.856330   0.062071  13.796  < 2e-16 ***
## poly(dis, 3)3 -0.318049   0.062071  -5.124 4.27e-07 ***
## ---
## Signif. codes:  0 '***' 0.001 '**' 0.01 '*' 0.05 '.' 0.1 ' ' 1
##
## Residual standard error: 0.06207 on 502 degrees of freedom
## Multiple R-squared:  0.7148, Adjusted R-squared:  0.7131
## F-statistic: 419.3 on 3 and 502 DF,  p-value: < 2.2e-16
```

(b)

```
all.rss = rep(NA, 10)
for (i in 1:10) {
lm.fit = lm(nox ~ poly(dis, i), data = Boston)
all.rss[i] = sum(lm.fit$residuals^2)
```

```
}
all.rss
##[1] 2.768563 2.035262 1.934107 1.932981 1.915290 1.878257
1.849484 1.835630
##[9] 1.833331 1.832171
```

与预期的一样,训练 RSS 随多项式次数单调下降。

(c)

```
library(boot)
all.deltas = rep(NA, 10)
for (i in 1:10) {
    glm.fit = glm(nox ~ poly(dis, i), data = Boston)
    all.deltas[i] = cv.glm(Boston, glm.fit, K = 10)$delta[2]
}
plot(1:10, all.deltas, xlab = "Degree", ylab = "CV error", type =
"l", pch = 20, lwd = 2)
```

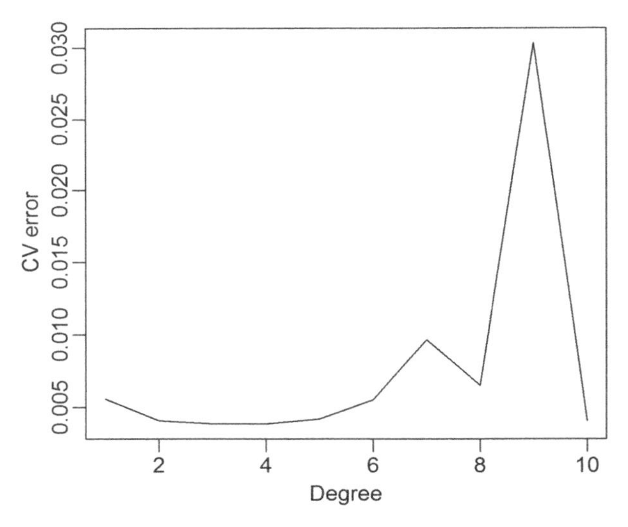

图 7-7　十折交叉验证选择多项式次数

随着阶数从 1 增加到 3,CV 误差减小,直到阶数 5,并且随着阶数的增大,CV 误差开始增大。选择 4 作为最佳多项式次数(图 7-7)。

(d)

dis 的极限分别是 1 和 13。将这个范围分成大致相等的 4 个间隔,并在[4,7,11]处建立结

```
library(MASS)
attach(Boston)
library(splines)
sp.fit = lm (nox ~ bs (dis, df = 4, knots = c (4, 7, 11)), data =
```

```
Boston)
    summary(sp.fit)

    ##
    ## Call:
    ## lm(formula = nox ~ bs(dis, df = 4, knots = c(4, 7, 11)), data = Boston)
    ##
    ## Residuals:
    ##       Min        1Q    Median        3Q       Max
    ## -0.124567 -0.040355 -0.008702  0.024740  0.192920
    ##
    ## Coefficients:
    ##                                       Estimate Std. Error t value Pr(>|t|)
    ## (Intercept)                            0.73926    0.01331  55.537  < 2e-16 ***
    ## bs(dis, df = 4, knots = c(4, 7, 11))1 -0.08861    0.02504  -3.539  0.00044 ***
    ## bs(dis, df = 4, knots = c(4, 7, 11))2 -0.31341    0.01680 -18.658  < 2e-16 ***
    ## bs(dis, df = 4, knots = c(4, 7, 11))3 -0.26618    0.03147  -8.459 3.00e-16 ***
    ## bs(dis, df = 4, knots = c(4, 7, 11))4 -0.39802    0.04647  -8.565  < 2e-16 ***
    ## bs(dis, df = 4, knots = c(4, 7, 11))5 -0.25681    0.09001  -2.853  0.00451 **
    ## bs(dis, df = 4, knots = c(4, 7, 11))6 -0.32926    0.06327  -5.204 2.85e-07 ***
    ## ---
    ## Signif. codes:  0 '***' 0.001 '**' 0.01 '*' 0.05 '.' 0.1 ' ' 1
    ##
    ## Residual standard error: 0.06185 on 499 degrees of freedom
    ## Multiple R-squared:  0.7185, Adjusted R-squared:  0.7151
    ## F-statistic: 212.3 on 6 and 499 DF,  p-value: < 2.2e-16
```

(e)

用dfs在3到16之间拟合回归样条曲线

```
all.cv = rep(NA, 16)
for (i in 3:16) {
lm.fit = lm(nox ~ bs(dis, df = i), data = Boston)
all.cv[i] = sum(lm.fit$residuals^2)
}
all.cv[-c(1, 2)]
##[1] 1.934107 1.922775 1.840173 1.833966 1.829884 1.816995 1.825653 1.792535
##[9] 1.796992 1.788999 1.782350 1.781838 1.782798 1.783546
```

训练RSS单调下降,直到df=14,然后df=15和df=16略有增加。

(f)

使用 10 折交叉验证来找最佳 df。尝试 df 在 3 到 16 之间的所有整数值。

```
all.cv = rep(NA, 16)
for (i in 3:16) {
lm.fit = glm(nox ~ bs(dis, df = i), data = Boston)
all.cv[i] = cv.glm(Boston, lm.fit, K = 10)$delta[2]
}
#There were 50 or more warnings (use warnings() to see the first 50)
plot(3:16, all.cv[-c(1, 2)], lwd = 2, type = "l", xlab = "df", ylab
= "CV error")
```

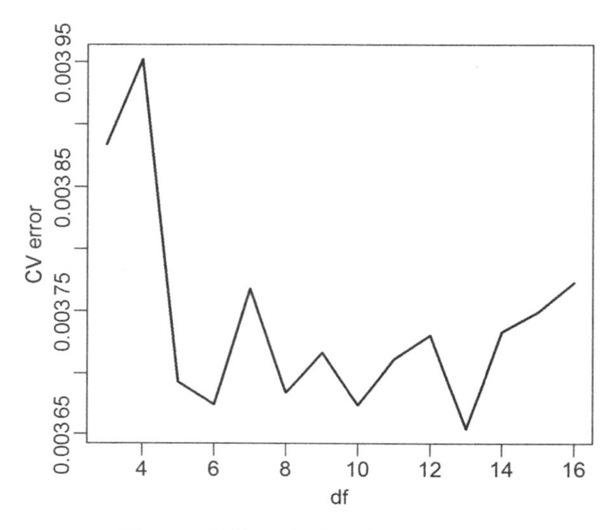

图 7-8 使用 10 折交叉验证找最佳 df

当 df=12 时达到最小值。选择 12 个作为最佳自由度(图 7-8)。

第八章　假设检验

第一节　t 检验

t 检验,也称 student t 检验,是一种适合小样本(n<30)的统计分析方法,包括单样本 t 检验、独立样本 t 检验和成对样本 t 检验。

R 语言 t 检验函数:

```
t.test(x, y = NULL,alternative = c("two.sided", "less", "greater"),mu = 0, paired = FALSE, var.equal = FALSE,conf.level = 0.95, ...)
```

①x,样本数据的数值向量。

②y,样本数据的数值向量或二分类变量,双样本 t 检验时使用。

③alternative = c("two.sided", "less", "greater"),可以只选首字母,例如,alternative = "g"。双侧检验和单侧检验,默认为 two.sided,双侧检验。

alternative =" two.sided ",对应的原假设和备择假设分别为

单样本 t 检验 $H_0:\mu=\mu_0$ $H_1:\mu\neq\mu_0$

独立样本 t 检验 $H_0:\mu_1=\mu_2$ $H_1:\mu_1\neq\mu_2$

alternative ="less",对应的原假设和备择假设分别为

单样本 t 检验 $H_0:\mu\geqslant\mu_0$ $H_1:\mu<\mu_0$

独立样本 t 检验 $H_0:\mu_1\geqslant\mu_2$ $H_1:\mu_1<\mu_2$

alternative ="greater",对应的原假设和备择假设分别为

单样本 t 检验 $H_0:\mu\leqslant\mu_0$ $H_1:\mu>\mu_0$

独立样本 t 检验 $H_0:\mu_1\leqslant\mu_2$ $H_1:\mu_1>\mu_2$

①mu 表示总体均值,在单样本 t 检验时用,默认为 0。

②paired 表示是否要进行配对 t 检验,默认独立样本 t 检验。如果 paired 为 TRUE,则必须同时指定 x 和 y,并且它们的长度必须相同。

③var.equal 表示是否将两个样本总体的方差视为相等,默认方差不齐。

一、单样本 t 检验

单样本 t 检验,对一组数据进行检验,检验一组数据的均值是否与给定的数值之间存在显著性差异。

1. 应用条件

单样本 t 检验,需要满足 4 项假设:

假设 1:观测变量为连续变量。

假设 2:观测值相互独立,不存在相互干扰作用。

假设 3:观测变量不存在异常值(根据箱式图判断异常值)。如果数据中存在异常值,箱式图会以星号或者圆点的形式提示。

假设 4:样本数据来自服从正态分布的单一总体,且总体均值已知。

```
# 正态性检验
shapiro.test(x)# 检验数值向量 x 的总体是否服从正态分布。总体服从正态分布,t 检验;总体不服从正态分布,非参数检验。
```

2. 原假设与备择假设

原假设又称 0 假设,是待检验的假设。=、≤、≥在原假设中;≠、<、>在备择假设中,备择假设中含有≠,为双侧检验,备择假设中含有<、>,为单侧检验。

双侧检验 $H_0:\mu=\mu_0$ $H_1:\mu\neq\mu_0$

右侧检验 $H_0:\mu\leqslant\mu_0$ $H_1:\mu>\mu_0$

左侧检验 $H_0:\mu\geqslant\mu_0$ $H_1:\mu<\mu_0$

3. 检验水准

检验水准一般取 $\alpha=0.05$,如果 $P<0.05$,拒绝 H_0,说明样本的均值与总体均值有显著性差异;如果 $P>0.05$,不拒绝 H_0,说明样本的均值与总体均值无显著性差异。

4. R 语言单样本 t 检验命令格式

```
t.test(x,mu=10)# 对数值向量 x 做总体均值为 10 的 t 检验
```

5. R 语言实例

(1)用 c()函数创建一个数值向量

某池塘水中的含氧量平均值为 4.5 mg/L,现对该池塘水中的含氧量进行测定,结果如下(mg/L):4.33,4.62,3.89,4.14,4.78,4.64,4.52,4.55,4.48,4.62,本次抽样测定结果与平均值有无显著性差异?

```
含氧量 <-c(4.33,4.62,3.89,4.14,4.78,4.64,4.52,4.55,4.48,4.62)
t.test(含氧量,mu=4.5)
##  One Sample t-test
## data:  含氧量
## t = -0.50904, df = 9, p-value = 0.623
```

```
## alternative hypothesis: true mean is not equal to 4.5
## 95 percent confidence interval:
## 4.265909 4.648091
## sample estimates:
## mean of x
## 4.457
```

(2)调用数据集中的数据

R 内置数据,用 attach()函数调用。例如:

```
attach(sleep)# 调用数据集 sleep
```

R 语言内置数据集 sleep,包含 3 个变量,20 个观测值。显示了两种催眠药(睡眠时间比对照组增加量)对 10 名患者的影响。其中,extra,增加的睡眠时间;group,给药种类;ID,患者 ID(表 8-1)。

表 8-1 数据集 sleep

extra	group	ID
0.7	1	1
-1.6	1	2
-0.2	1	3
-1.2	1	4
-0.1	1	5
3.4	1	6
3.7	1	7
0.8	1	8
0	1	9
2	1	10
1.9	2	1
0.8	2	2
1.1	2	3
0.1	2	4
-0.1	2	5
4.4	2	6
5.5	2	7
1.6	2	8
4.6	2	9
3.4	2	10

```
# 对数据集 sleep 中的变量 extra 做总体均值为 2 的单变量 t 检验
attach(sleep)
t.test(extra,mu=2)
##  One Sample t-test
```

```
## data:  extra
## t = -1.0195, df = 19, p-value = 0.3208
## alternative hypothesis: true mean is not equal to 2
## 95 percent confidence interval:
## 0.5955845 2.4844155
## sample estimates:
## mean of x
## 1.54
```

对数据集 sleep 中的变量 extra(因子水平为1的部分)做总体均值为1的单变量t检验

```
t.test(extra[group==1],mu=1)
##  One Sample t-test
## data:  extra[group == 1]
## t = -0.4419, df = 9, p-value = 0.669
## alternative hypothesis: true mean is not equal to 1
## 95 percent confidence interval:
## -0.5297804  2.0297804
## sample estimates:
## mean of x
## 0.75
```

R包内的数据集,要先用 library()函数加载相应的R包,再用 attach()函数调用相应数据集。

二、独立样本 *t* 检验

用于检验两组非相关样本数据的总体均值之间是否存在显著差异。

1. 应用条件

两组非相关样本来自两个独立的正态分布总体。如果两个总体的方差相等, 用t检验;如果两个总体的方差不相等,用 t' 检验(校正的 t 检验,Welch 检验),或者换用非参数检验两个正态分布总体的方差是否相等,看F方差齐性检验结果,如果 $P>0.05$,不拒绝原假设,说明两样本所在总体的方差齐性;如果 $P<0.05$,拒绝原假设,说明两样本所在总体的方差不等。

```
# 方差齐性检验
var.test(x,y)
```

独立样本t检验两组数据的个数可以不等。

2. 原假设与备择假设

双侧检验: $H_0:\mu_1=\mu_2$
$H_1:\mu_1\neq\mu_2$

右侧检验：$H_0:\mu_1 \leqslant \mu_2$
$H_1:\mu_1 > \mu_2$

左侧检验：$H_0:\mu_1 \geqslant \mu_2$
$H_1:\mu_1 < \mu_2$

3. 检验水准

检验水准一般取 $\alpha=0.05$,如果 $P<0.05$,拒绝 H_0,说明两组非相关样本数据均值之间存在显著差异;如果 $P>0.05$,不拒绝 H_0,说明两组非相关样本数据均值之间无显著差异。

4. R 语言独立样本 t 检验命令格式

(1)两样本数据方差齐性

```
t.test(x,y,var.equal = TRUE) # x、y 为独立样本的两个数值向量
t.test(x~y,var.equal = TRUE) # x 为数值向量,包含两个样本数据,y 为二分类变量。
```

(2)两样本数据方差不齐

```
t.test(x,y) # x、y 为独立样本的两个数值向量,校正 t 检验
t.test(x~y) ##、x 为数值向量,包含两个样本数据,y 为二分类变量。
```

5. R 语言实例

```
attach(sleep)
var.test(extra~group)
##  F test to compare two variances
## data:  extra by group
## F = 0.79834, num df = 9, denom df = 9, p-value = 0.7427
## alternative hypothesis: true ratio of variances is not equal to 1
## 95 percent confidence interval:
## 0.198297 3.214123
## sample estimates:
## ratio of variances
## 0.7983426
t.test(extra~group, var.equal = TRUE)
##  Two Sample t-test
## data:  extra by group
## t = -1.8608, df = 18, p-value = 0.07919
## alternative hypothesis: true difference in means is not equal to 0
## 95 percent confidence interval:
##  -3.363874  0.203874
## sample estimates:
## mean in group 1 mean in group 2
##      0.75              2.33
```

三、成对样本 t 检验(非独立样本 t 检验)

成对样本 t 检验,用于检验有一定相关关系的两个样本之间的差异情况。判断差值的总体均数是否与 0 相比是否有显著性差异。

1. 应用条件

成对样本是指不同的均值来自于具有配对关系的不同样本，此时样本之间具有相关关系,两个样本值之间的配对一一对应,且具有相同的容量,配对观测值之差服从正态分布。

常见的使用场景有:

①同一对象处理前后的对比(同一组人员采用同一种减肥方法前后的效果对比);

②同一对象采用两种方法检验的结果的对比（同一组人员分别服用两种减肥药后的效果对比);

③成对的两个对象分别接受两种处理后的结果对比(两组人员,按照体重进行配对,服用不同的减肥药,对比服药后的两组人员的体重),见表 8-2。

表 8-2 成对样本数据

病例号	治疗前	治疗后
1	12.1	14.0
2	14.7	14.2
3	12.7	13.2
4	14.2	12.7
5	11.2	12.4
6	13.5	13.3
7	15.0	15.5
8	14.9	14.4
9	12.6	12.5
10	13.1	13.4

2. 原假设与备择假设

双侧检验: $H_0:\mu_1=\mu_2$
$H_1:\mu_1\neq\mu_2$

右侧检验: $H_0:\mu_1\leq\mu_2$
$H_1:\mu_1>\mu_2$

左侧检验: $H_0:\mu_1\geq\mu_2$
$H_1:\mu_1<\mu_2$

3. 检验水准

检验水准一般取 $\alpha=0.05$,如果 $P<0.05$,拒绝 H_0,说明两组相关样本数据均值之间存在显著差异;如果 $P>0.05$,不拒绝 H_0,说明两组相关样本数据均值之间无显著差异。

4. R语言成对样本 t 检验命令格式

```
t.test(x,y, paired = TRUE)# x、y为成对样本的两个数值向量
t.test(x~y, paired = TRUE)# x为数值向量,包含两个成对样本的数据,y为二分类变量。
```

5. R语言实例

一组患者(共10名),每名患者有治疗前、后2个数据,采用自身前后对照设计,测量指标为血红蛋白含量。

要想知道克矽平对矽肺患者血红蛋白的含量有无影响,则要比较治疗前后血红蛋白含量的差异是否有统计学意义。若两组数据服从正态分布,可用配对样本 t 检验。

```
治疗前 <-c(12.1,14.7,12.7,14.2,11.2,13.5,15.0,14.9,12.6,13.1)
治疗后 <-c(14.0,14.2,13.2,12.7,12.4,13.3,15.5,14.4,12.5,13.4)
t.test(治疗前,治疗后, paired = TRUE)
##  Paired t-test
## data: 治疗前 and 治疗后
## t = -0.53059, df = 9, p-value = 0.6085
## alternative hypothesis: true difference in means is not equal to 0
## 95 percent confidence interval:
## -0.842157  0.522157
## sample estimates:
## mean of the differences
## -0.16
```

第二节 Wilcox检验

当数据不服从正态分布或服从正态分布的数据方差不齐,用Wilcox检验。

wilcox.test()函数可以用来做Wilcoxon秩和检验,也可以用来做Mann-Whitney U检验。当参数为单个样本,或者是两个参数,paired=TRUE时,是Wilcoxon秩和检验。当paired = FALSE(独立样本)时,就是Mann-Whitney U检验。

两个或两个以上样本时,用Kruskal-Wallis检验。

```
wilcox.test(x, y = NULL,
alternative = c("two.sided", "less", "greater"),
mu = 0, paired = FALSE, exact = NULL, correct = TRUE,
conf.int = FALSE, conf.level = 0.95,
tol.root = 1e-4, digits.rank = Inf,…)
```

①exact,是否计算精确的 P 值。当样本量较小时,此参数起作用,当样本量较大时,软件采用正态分布近似计算 P 值。

②correct,是否应用连续性校正。说明是否对P值的计算采用连续性修正,相同秩次较多时,统计量要校正。

③conf.int 是逻辑变量,说明是否给出相应的置信区间。

其他参数同t检验函数

一、单样本 Wilcoxon 符号秩检验

为了解垃圾邮件对大型公司决策层的工作影响程度,某网站收集了19家大型公司的CEO和他们邮箱里每天收到的垃圾邮件数,得到如下数据(单位:封):

310	350	370	377	389	400	415	425	440	295
325	296	250	340	298	365	375	360	385	

垃圾邮件数量的中心位置是否等于320封?

从分析目标来说,想比较的是这组数据的中心位置是否和320封有统计学差异。

```
mail<-c
(310,350,370,377,389,400,415,425,440,295,325,296,250,340,298,365,375,
360,385)
wilcox.test(mail,mu=320,conf.int=TRUE)
##  Wilcoxon signed rank exact test
## data:  mail
## V = 158, p-value = 0.009453
## alternative hypothesis: true location is not equal to 320
## 95 percent confidence interval:
## 332.5 382.5
## sample estimates:
## (pseudo)median
## 358
```

H_0:邮件中位数等于320

H_1:邮件中位数不等于320

P=0.009<0.05,拒绝零假设,接受H_1,邮件中位数不等于320,有统计学意义。

样本mail数据的中位数为358,远大于假设的320,这个差异通过检验已经证明有统计学意义。

```
wilcox.test(x, y) # 独立样本,x、y 分别为数值向量
wilcox.test(x,~y) # 独立样本,x 为数值向量,y 为二分类向量
wilcox.test(x, y, paired = TRUE)# 成对样本,x、y 分别为数值向量
wilcox.test(x,~y, paired = TRUE)# 成对样本,x 为数值向量,y 为二分类向量
```

二、成对样本 Wilcoxon 符号秩检验

威尔科克森(Wilcoxon)符号秩检验是分析成对样本实验数据的非参数方法。检验使

用数量型数据，n 个实验单位中的每一个提供一对观测值，其中一个来自总体 1，另一个来自总体 2。威尔科克森(Wilcoxon)符号秩检验不要求假定配对观测值之差服从正态分布，关注点是确定两个总体的中位数是否有差异。

考虑某个制造企业正在尝试确定两种生产方法在完成任务时间上是否存在差异。使用匹配样本设计，随机选择 11 个工人的 2 次完成任务时间，1 次使用方法 A，1 次使用方法 B。工人首先使用的生产方法是随机挑选的。两种方法的完成任务时间以及完成时间的差异数据如表 8-3 所示。正的差异表明方法 A 需要更多的时间，负的差异则表明方法 B 需要更多的时间。这些数据是否表明两种方法在完成任务时间上存在显著差异呢？如果我们假设数据的差异对称分布，但不需要正态分布，可以应用威尔科克森符号秩检验。

表 8-3 完成生产任务的时间(分钟)

工人	方法		差
	A	B	
1	10.2	9.5	0.7
2	9.6	9.8	-0.2
3	9.2	8.8	0.4
4	10.6	10.1	0.5
5	9.9	10.3	-0.4
6	10.2	9.3	0.9
7	10.6	10.5	0.1
8	10.0	10.0	0.0
9	11.2	10.6	0.6
10	10.7	10.2	0.5
11	10.6	9.9	0.8

用威尔科克森符号秩检验对两种方法完成时间的中位数之差进行检验，假设如下：

H_0:方法 A 的中位数 - 方法 B 的中位数 =0

H_1:方法 A 的中位数 - 方法 B 的中位数≠ 0

如果无法拒绝 H_0，我们将不能得出两种方法的完成任务时间的中位数存在差异。如果 H_0 被拒绝，则可以得出两种方法在完成任务时间的中位数上存在差异。在显著性水平 0.05 下进行检验。

```
A<-c(10.2, 9.6, 9.2,10.6, 9.9,10.2,10.6,10.0,11.2,10.7,10.6)
B<-c(9.5, 9.8, 8.8,10.1,10.3, 9.3,10.5,10.0,10.6,10.2, 9.9)
wilcox.test(A, B, paired = TRUE)
## Warning in wilcox.test.default (A, B, paired = TRUE): cannot
compute exact p-value with ties
## Warning in wilcox.test.default (A, B, paired = TRUE): cannot
compute exact p-value with zeroes
##
```

```
##  Wilcoxon signed rank test with continuity correction
## data:  A and B
## V = 49, p-value = 0.03209
## alternative hypothesis: true location shift is not equal to 0
```

第三节 单因素方差分析

一、完全随机设计的方差分析

完全随机设计(completely random design)是应用完全随机化的方法进行分组,将全部研究对象分配到 k 个处理组,各组分别给予不同的处理,然后比较各组结果,即各组均数间的差别有无统计学意义,从而推断处理因素的效应。

方差分析(analysis of variance,ANOVA)由英国统计学家R.A.Fisher于1923年提出,是两个或两个以上样本均数比较的假设检验。

方差分析用来研究控制变量的不同水平是否对观测变量产生了显著影响。研究单个因素对观测变量的影响,称为单因素方差分析。

假设 A 有 k 个水平,A 的每个水平都有若干个观测值,每个水平的观测值个数如果相等,称为平衡设计,个数不等,称为非平衡设计。

方差分析的基本思想是将总的离差平方和分解为几个部分,每一部分反映了方差的一种来源,然后利用 F 分布进行检验。

假定实验或观察中只有一个因素(因子)A,A 有 k 个水平,分别记为 $A_1,A_2,\cdots,A_k$,在每一种水平下,做 ni(第 j 个水平下的观测次数,每一种水平下的实验次数可以相等,也可以不等)次实验,每次实验得到的实验数据记做 x_{ij},表示在第 j 个实验水平下的第 i 个数据($i=1,2,\cdots,n$; $j=1,2,\cdots,k$)。

单因素方差分析离差平方和的分解:

$$SST = SSA + SSE$$

式中,SST代表总离差平方和,SSE代表误差平方和(组内离差平方和),SSA代表处理 A 的不同水平间的离差平方和(组间离差平方和)。

$$SST = \sum_{i=1}^{k}\sum_{j=1}^{n_i}(X_{ij}-\overline{X})^2$$

$$SSA = \sum_{i=1}^{k}\sum_{j=1}^{n_i}(\overline{X}_i-\overline{X})^2$$

$$SSE = \sum_{i=1}^{k}\sum_{j=1}^{n_i}(X_{ij}-\overline{X}_i)^2$$

式中,$\overline{X}$ 为样本观测值的总平均值;$\overline{X}_i$ 为水平均值(组均值)。

组内离差平方和反映了试验过程中各种随机因素所引起的试验误差；组间离差平方和反映了各组样本之间的差异程度，即由变异因素的水平不同所引起的系统误差；总离差平方和反映了全部观察值离散程度的总规模。

SSE、SSA除以各自的自由度（组内 $df_E = n - k$，组间 $df_A=k-1$，其中，n 为样本总数，k 为组数），得到MSE和MSA。

$$F=MSA / MSE$$

如果MSA / MSE ≈ 1，各组均值间的差异没有统计学意义，控制变量没有给观测变量带来显著影响，各组均值间的差异是由随机变量因素引起的，即各组样本均来自同一总体；MSA>>MSE（远远大于），各组均值间的差异有统计学意义，组间均方是由于误差与不同处理共同导致的结果，控制变量给观测变量带来了显著影响，即各样本来自不同总体。

1．方差分析的假定

①每个总体均服从正态分布。

②每个总体方差相同。

③每组观测值必须是独立的。

2．单因素方差实例

比较一个分类变量定义的两个或多个组别中因变量的均值，称为单因素方差分析。单因素方差分析的自变量为分类变量，因变量为连续变量。

航班满意度调查包括票务、登机、机上服务、行李搬运、飞行员交流等25个问题，答案分为优秀，良好，中等或较差。优秀得分为4，良好为3，中等得分为2，较差为1。总分最高分是100。分数越高，说明对航班的满意度越高。

随机选择了四家航空公司进行调查，下面是样本信息（表8-4）。这四家航空公司的平均满意度之间是否存在差异？使用0.01显著性水平。

表8-4 四家航空公司的满意度评分

Northern	WAT	Pocono	Branson
94	75	70	68
90	68	73	70
85	77	76	72
80	83	78	65
	88	80	74
		68	65
		65	

应用单因素方差分析之前，要对数据进行正态性检验和方差齐性检验，只有同时满足正态性和方差齐性，才可用单因素方差分析。

在进行正态性检验、方差齐性检验的时候，α 通常设定为0.10。正态性检验对控制变量不同水平下各观测变量总体是否服从正态分布进行检验。

方差齐性检验是对控制变量不同水平下各观测变量总体方差是否相等进行检验。控制变量不同各水平下观测变量总体方差无显著差异是方差分析的前提要求。

步骤 1:陈述原假设(无效假设)和备择假设。原假设是四家航空公司的平均得分相同。

H_0: $\mu_1=\mu_2=\mu_3=\mu_4$

H_1:平均分数并非全部相等

如果不拒绝零假设,这四家航空公司的平均得分就没有差异。如果零假设被拒绝,说明至少两家航空公司的平均得分有显著性差异。

步骤 2:选择显著性水平。选择 0.01 显著性水平。

步骤 3:确定测试统计量。测试统计量服从 F 分布(表 8-5 和表 8-6)。

步骤 4:制定决策规则。

步骤 5:计算 F 统计量并做出决定。

本问题有 4 家航空公司和样本观察总数为 22。

分子的自由度等于航空公司家数,记为 k,减去 1,即 $k-1=4-1=3$。分母的自由度是样本观察总数,记为 n,减去 k,即 $n-k=22-4=18$。

表 8-5　四家航空公司的满意度评分统计

	Northern	WAT	Pocono	Branson	合计
	94	75	70	68	
	90	68	73	70	
	85	77	76	72	
	80	83	78	65	
		88	80	74	
			68	65	
			65		
列总和	349	391	510	414	1664
列观察数	4	5	7	6	22
列均值	87.25	78.20	72.86	69.00	75.64
列方差	36.92	58.70	30.14	13.60	

表 8-6　四家航空公司的平均满意度结果统计

变异来源	SS(离差平方和)	df(自由度)	MS(平均平方和)	F
处理间(组间)	SSTR	$k-1$	MMTR	8.99
误差(组内)	SSE	$n-k$	MSE	
总变异	SST	$n-1$		

$$MSTR=\frac{SSTR}{k-1}$$

$$MSE=\frac{SSE}{n-1}$$

$$F=\frac{MSTR}{MSE}$$

总均值 $\bar{x}=\frac{1664}{22}=75.64$

$$SSTR=\sum_{j=1}^{k} n_j(\bar{x}_j-\bar{x})^2$$
$$=4\times(87.25-75.64)^2+5\times(78.20-75.64)^2+7\times(72.86-75.64)^2+6\times(69.00-75.64)^2$$
$$=890.5728$$

$$MSTR=\frac{SSTR}{k-1}=\frac{890.5728}{4-1}=296.86$$

$$SSE=\sum_{j=1}^{k}(n_j-1)s_j^2=(4-1)\times36.92+(5-1)\times58.70+(7-1)\times30.14+(6-1)\times13.60=594.40$$

$$MSE=\frac{SSE}{n-k}=\frac{594.40}{22-4}=33.02$$

$$F=\frac{MSTR}{MSE}=\frac{296.86}{33.02}=8.99$$

F 的计算值为 8.99,大于临界值 5.09,拒绝原假设,接受备择假设,四家航空公司的平均得分有显著性差异(表 8-7)。

表 8-7 方差分析表

变异来源	SS(离差平方和)	df(自由度)	MS(平均平方和)	F
处理间(组间)	890.69	3	296.90	8.99
误差(组内)	594.41	18	33.02	
总变异	1 485.10	21		

关于单因素方差分析:

A. 组内平方和只包含随机误差。

B. 组间平方和包含随机误差和系统误差。

C. 如果组间均方远大于组内均方,就说明不同水平之间均值存在着显著差异。

D. 如果组间均方远大于组内均方,就说明分类变量对数值变量有显著影响。

单因素方差分析的统计量也可用表格法计算(表 8-8~表 8-10)。

表 8-8 原始数据

Northern	WAT	Pocono	Branson
94	75	70	68
90	68	73	70
85	77	76	72
80	83	78	65
	88	80	74
		68	65
		65	

表 8-9　原始数据汇总

	Northern	WAT	Pocono	Branson	合计
	94	75	70	68	
	90	68	73	70	
	85	77	76	72	
	80	83	78	65	
		88	80	74	
			68	65	
			65		
列总和	349	391	510	414	1 664
列观察数	4	5	7	6	22
列均值	87.25	78.20	72.86	69.00	75.64

表 8-10　统计量及计算公式

变异来源	SS(离差平方和)	*df*(自由度)	MS(平均平方和)	*F*
处理间(组间)	SST	$k-1$	SST/($k-1$)=MST	MST/MSE
误差(组内)	SSE	$n-k$	SSE/($n-k$)=MSE	
总变异	SS_{total}	$n-1$		

$k=4,\ n=22$

(4)$SS_{total}=\sum(X-\bar{X}_G)^2$

X 是每个样本的观察值,$\bar{X}_G$ 是总平均值。一共有 22 个观测值,总和是 1 664,所以总平均值是 75.64:

$$\bar{X}_G=\frac{1\ 664}{22}=75.64$$

每个观测值与总平均值的偏差。例如，第一个抽样乘客评分为 94 分，总平均值为 75.64 分。$(X-\bar{X}_G)=94-75.64=18.36$,以此类推(表 8-11)。

表 8-11　每个观测值与总平均值的偏差

Northern	WAT	Pocono	Branson
18.36	-0.64	-5.64	-7.64
14.36	-7.64	-2.64	-5.64
9.36	1.36	0.36	-3.64
4.36	7.36	2.36	-10.64
	12.36	4.36	-1.64
		-7.64	-10.64
		-10.64	

表 8-11 中每个值取平方。例如：$(X-\overline{X}_G)^2=(94-75.64)^2=(18.36)^2=337.09$(表 8-12)。

表 8-12 表 8-11 中每个值取平方

	Northern	WAT	Pocono	Branson	合计
	337.09	0.41	31.81	58.37	
	206.21	58.37	6.97	31.81	
	87.61	1.85	0.13	13.25	
	19.01	54.17	5.57	113.21	
		152.77	19.01	2.69	
			58.37	113.21	
			113.21		
列总和	649.92	267.57	235.07	332.54	1 485.10

(5) $SSE=\sum(X-\overline{X}_C)^2$

每个观测值与本组均值的偏差。以 Northern 为例，$(X-\overline{X}_N)=(94-87.25)=6.75$(表 8-13)。

表 8-13 每个观测值与本组均值的偏差

Northern	WAT	Pocono	Branson
6.75	-3.2	-2.86	-1
2.75	-10.2	0.14	1
-2.25	-1.2	3.14	3
-7.25	4.8	5.14	-4
	9.8	7.14	5
		-4.86	-4
		-7.86	

表 8-14 表 8-13 中每个值的平方

	Northern	WAT	Pocono	Branson	合计
	45.562 5	10.24	8.18	1	
	7.562 5	104.04	0.02	1	
	5.062 5	1.44	9.86	9	
	52.562 5	23.04	26.42	16	
		96.04	50.98	25	
			23.62	16	
			61.78		
列总和	110.750 0	234.80	180.86	68	594.41

$SSE=\sum(X-\overline{X}_C)^2=594.41$，$\overline{X}_C$ 为组平均值

$SST=SS_{total}-SSE=1\ 485.10-594.41=890.69$

(6)方差分析表(表 8-15)

表 8-15　方差分析表

变异来源	SS(离差平方和)	*df*(自由度)	MS(平均平方和)	*F*
处理间(组间)	890.69	3	296.90	8.99
误差(组内)	594.41	18	33.02	
总变异	1 485.10	21		

3. 单因素方差分析组间差异的多重比较

单因素方差分析的基本分析只能判断控制变量是否对观测变量产生了显著影响。如果控制变量确实对观测变量产生了显著影响，还应进一步确定控制变量的不同水平对观测变量的影响程度如何,其中哪个水平的作用明显区别于其他水平,哪个水平的作用是不显著的,等等。

(1)Bonferroni 检验

Bonferroni 检验用途最广,几乎可用于任何多重比较的情形,可用 agricolae 包中 LSD.test()函数或基础包中 pairwise.t.test()函数实现。

Bonferroni 检验比较保守,Holm 是一种常用的修正 Bonferroni 过保守的方法,将 p.adj 设置为“holm”即可。

(2)LSD-t 检验

LSD-t 检验,也叫最小显著性差异,由 agricolae 包中的 LSD.test()函数实现。

LSD-t 检验适用于在专业上有特殊意义的样本均数间的比较,在设计之初,就已明确要比较某几个组均数间是否有差异。LSD 法侧重于减小 II 类错误,但有增大 I 类错误(假阳性)的可能。

LSD-t 检验不像 Bonferroni 检验那么保守,所以结果有所不同。

(3)Dunnett-t 检验

Dunnett-t 检验由 multcomp 包中 glht()函数实现,适用于 k-1 个试验组与一个对照组均数差异的多重比较。这种比较也是在设计阶段就确定了。

模型默认第一组为对照组,并依次对比其他组和它的差异。

(4)Tukey HSD 检验

Tukey HSD 检验由基础包中的 Tukey HSD()函数或 multcomp 包中的 glht()函数实现,用于各组样本均数的全面比较。

(5)Scheffe 检验

Scheffe 检验由 agricolae 包中的 scheffe.test()函数实现。各组样本数相等或不等均可以使用,但是以各组样本数不相等时使用较多。Scheffe 也是通过指示字母的相同与否判定二者间差异是否有统计学意义,不显示两两比较的 *P* 值。

二、单因素方差分析 R 语言实例

1. 数据格式

变量 score 为连续变量,变量 airlines 为分类变量。以逗号分隔文件(csv)格式保存

到C盘,文件名为ANOVADATA.csv

score	airlines
94	Northern
90	Northern
85	Northern
80	Northern
75	WTA
68	WTA
77	WTA
83	WTA
88	WTA
70	Pocono
73	Pocono
76	Pocono
78	Pocono
80	Pocono
68	Pocono
65	Pocono
68	Branson
70	Branson
72	Branson
65	Branson
74	Branson
65	Branson

2. 读入数据

```
ANOVADATA <- read.table ("C:/ANOVADATA.csv",sep=",", header=TRUE,
as.is= FALSE)
```

参数 as.is= FALSE 将字符变量变为分类变量

3. 统计各组数据个数

```
table(airlines)
```

4. 各组数据正态性检验

```
my_data<- split(score,airlines)
unlist(lapply(my_data, function(x){
          shapiro.test(x)$p.value
 }))
```

5. 计算各组数据均值

```
my_data <- split(score,airlines)
```

```
unlist(lapply(my_data, function(x){
        mean(x)
 }))#
```

6. 计算各组数据方差

```
my_data <- split(score,airlines)
unlist(lapply(my_data, function(x){
        var(x)
 }))
```

7. 方差齐性检验(检验的零假设为方差齐性)

```
bartlett.test(score~airlines)
```

8. 组间差异检验,若P值<0.05,则拒绝各组之间均值相等的原假设。

```
fit <- aov(score ~ airlines, data = ANOVADATA)
summary(fit)
```

9. 两两检验(组间差异检验的P值<0.05才有必要进行)

(1)绘制各组数据均值及其置信区间的图形

```
library(gplots)
plotmeans (score~airlines, xlab=" Airlines ", ylab="Score", main="Mean Plot\nwith 95% CI")
```

(2)Bonferroni 检验

```
library(agricolae)
bon <- LSD.test(fit,"airlines", p.adj="bonferroni")
bon$groups  # 显示结果
plot(bon)# 两组间有相同的字母表示差异不显著,两组间字母不同表示差异显著。
```

(3)LSD-t 检验

```
library(agricolae
L <- LSD.test(fit,"airlines", p.adj = "none")
L$groups # 显示结果
```

(4)Tukey HSD 检验

```
TukeyHSD(fit)
par(las=2)
par(mar=c(5,8,4,2))
#mar 以数值向量表示的边界大小,顺序为“下、左、上、右”,单位为英分。
# 默认值为 c(5, 4, 4, 2),c(5,8,4,2),将 Y 轴边界增大,以更好地显示 Y 轴刻度标签。
plot (TukeyHSD (fit))# 均值差异可视化处理, 置信区间包含 0 的差异不显著(p>0.5)
```

(5)Scheffe 检验

```
library(agricolae)
```

```
scheffe.test(fit,"airlines", console=TRUE)
```

(6)绘制箱线图

```
library(multcomp)
par(mar=c(5,4,6,2))
tuk <- glht(fit,linfct=mcp(airlines ='Tukey'))
plot(cld(tuk,level=0.05),col='lightgrey')
```

(7)Dunnett-t 检验(模型默认第一组为对照组,并依次对比其他组和它的差异)

```
library(multcomp)
D<-glht (fit, linfct = mcp (airlines = 'Dunnett'), alternative = 'two.side')
summary(D)
ANOVADATA <- read.table ("C:/ANOVADATA.csv",sep=",", header=TRUE, as.is= FALSE)
attach(ANOVADATA)
#统计每组观察例数
table(airlines)
## airlines
##  Branson Northern   Pocono      WTA
##        6        4        7        5
#正态性检验
my_data<- split(score,airlines)
unlist(lapply(my_data, function(x){
         shapiro.test(x)$p.value
 }))
##   Branson  Northern    Pocono       WTA
## 0.5373471 0.9398275 0.8749271 0.9683889
my_data<- split(score,airlines)
unlist(lapply(my_data, function(x){
         mean(x)
 }))# 计算每组均值
##  Branson Northern   Pocono      WTA
## 69.00000 87.25000 72.85714 78.20000
my_data<- split(score,airlines)
unlist(lapply(my_data, function(x){
         var(x)
 }))#计算每组方差
##  Branson Northern   Pocono      WTA
## 13.60000 36.91667 30.14286 58.70000
```

```
my_data<- split(score,airlines)
unlist(lapply(my_data, function(x){
         sd(x)
 }))# 计算每组标准差
##  Branson Northern   Pocono      WTA
## 3.687818 6.075909 5.490251 7.661593
bartlett.test(score~airlines)# 方差齐性检验,检验的零假设为方差齐性。
##  Bartlett test of homogeneity of variances
## data:  score by airlines
## Bartlett's K-squared = 2.1355, df = 3, p-value = 0.5448
fit <- aov(score ~ airlines, data = ANOVADATA) # 组间差异检验
summary(fit)
##             Df Sum Sq Mean Sq F value   Pr(>F)
## airlines     3  890.7  296.89   8.991 0.000743 ***
## Residuals   18  594.4   33.02
## ---
## Signif. codes:  0 '***' 0.001 '**' 0.01 '*' 0.05 '.' 0.1 ' ' 1
```

(1)绘制各组数据均值及其置信区间的图形

```
library(gplots)
plotmeans (score~airlines, xlab=" Airlines ", ylab="Score", main="Mean Plot\nwith 95% CI")
```

(2)Bonferroni 检验(图 8-1)

```
library(agricolae)
```

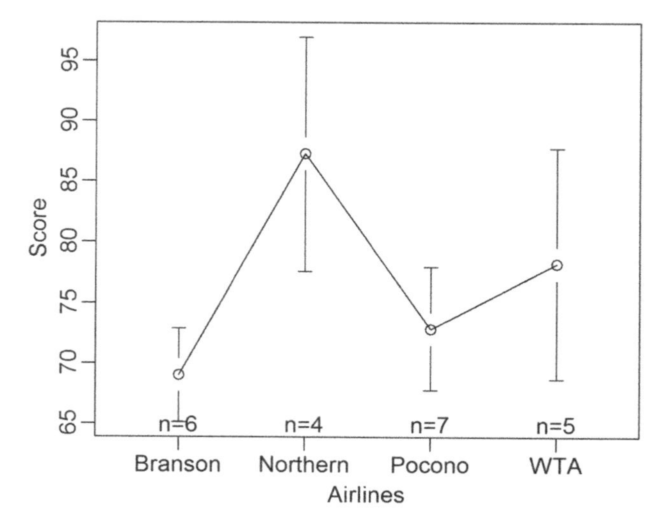

图 8-1 各组数据均值及其置信区间

```
bon <- LSD.test(fit,"airlines", p.adj="bonferroni")
```

```
bon$groups  # 显示结果
##               score groups
## Northern 87.25000      a
## WTA      78.20000     ab
## Pocono   72.85714      b
## Branson  69.00000      b
plot(bon)# 两组间有相同的字母表示差异不显著,两组间字母不同表示差异显著。
```

(图 8-2)

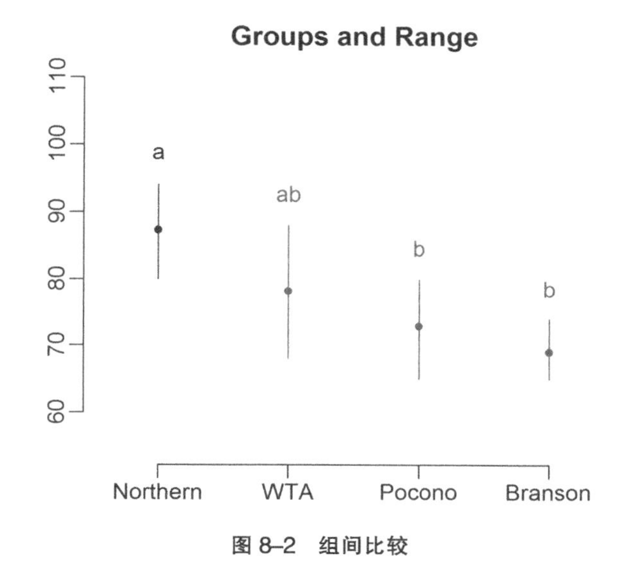

图 8-2 组间比较

(3)LSD-t 检验

```
library(agricolae)
L <- LSD.test(fit,"airlines", p.adj = "none")
L$groups # 显示结果
##               score groups
## Northern 87.25000      a
## WTA      78.20000      b
## Pocono   72.85714     bc
## Branson  69.00000      c
```

(4)Tukey HSD 检验(图 8-3)

```
TukeyHSD(fit)
##   Tukey multiple comparisons of means
##     95% family-wise confidence level
##
## Fit: aov(formula = score ~ airlines, data = ANOVADATA)
##
```

```
## $airlines
##                        diff         lwr       upr     p adj
## Northern-Branson  18.250000   7.7662451 28.733755 0.0005848
## Pocono-Branson     3.857143  -5.1787175 12.893003 0.6307757
## WTA-Branson        9.200000  -0.6346339 19.034634 0.0714381
## Pocono-Northern  -14.392857 -24.5726703 -4.213044 0.0042870
## WTA-Northern      -9.050000 -19.9450377  1.845038 0.1241186
## WTA-Pocono         5.342857  -4.1671114 14.852826 0.4098063
par(las=2)
par(mar=c(5,8,4,2))
```

#mar 以数值向量表示的边界大小,顺序为“下、左、上、右”,单位为英分。

默认值为 c(5, 4, 4, 2),c(5,8,4,2),将 Y 轴边界增大,以更好地显示 Y 轴刻度标签。

plot (TukeyHSD (fit))# 均值差异可视化处理,置信区间包含 0 的差异不显著 (p>0.05)

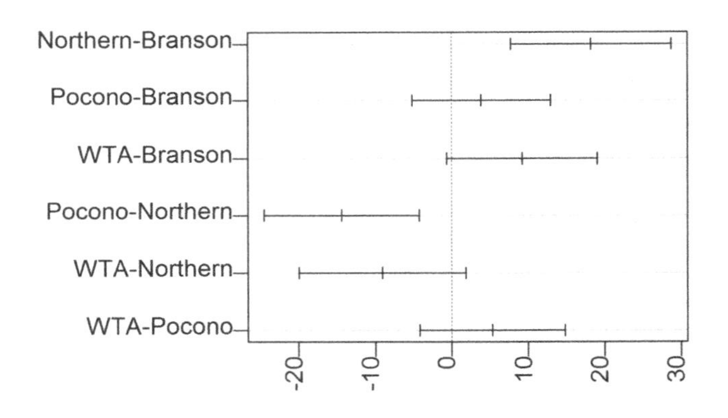

图 8–3　均值差异可视化

```
library(multcomp)
## Loading required package: mvtnorm
## Loading required package: survival
## Loading required package: TH.data
## Loading required package: MASS
## Attaching package: 'TH.data'
## The following object is masked from 'package:MASS':
##     geyser
T<-glht(fit, linfct = mcp(airlines = "Tukey"))
```

```
summary(T)
##   Simultaneous Tests for General Linear Hypotheses
##
## Multiple Comparisons of Means: Tukey Contrasts
##
##
## Fit: aov(formula = score ~ airlines, data = ANOVADATA)
##
## Linear Hypotheses:
##                            Estimate Std. Error t value Pr(>|t|)
## Northern - Branson == 0     18.250      3.709   4.920  < 0.001 ***
## Pocono - Branson == 0        3.857      3.197   1.206  0.62961
## WTA - Branson == 0           9.200      3.480   2.644  0.07111 .
## Pocono - Northern == 0     -14.393      3.602  -3.996  0.00405 **
## WTA - Northern == 0         -9.050      3.855  -2.348  0.12366
## WTA - Pocono == 0            5.343      3.365   1.588  0.40873
## ---
## Signif. codes:  0 '***' 0.001 '**' 0.01 '*' 0.05 '.' 0.1 ' ' 1
## (Adjusted p values reported -- single-step method)
```

(5)Scheffe 检验

```
library(agricolae)
scheffe.test(fit,"airlines", console=TRUE)
## Study: fit ~ "airlines"
## Scheffe Test for score
##
## Mean Square Error  : 33.02262
## airlines,  means
##              score      std r Min Max
## Branson  69.00000 3.687818 6  65  74
## Northern 87.25000 6.075909 4  80  94
## Pocono   72.85714 5.490251 7  65  80
## WTA      78.20000 7.661593 5  68  88
## Alpha: 0.05 ; DF Error: 18
## Critical Value of F: 3.159908
## Groups according to probability of means differences and alpha
level( 0.05 )
## Means with the same letter are not significantly different.
##
```

```
##                score groups
## Northern 87.25000      a
## WTA      78.20000     ab
## Pocono   72.85714      b
## Branson  69.00000      b
```

(6)绘制箱线图(图 8-4)

```
library(multcomp)
par(mar=c(5,4,6,2))
tuk <- glht(fit,linfct=mcp(airlines ='Tukey'))
plot(cld(tuk,level=0.05),col='lightgrey')
```

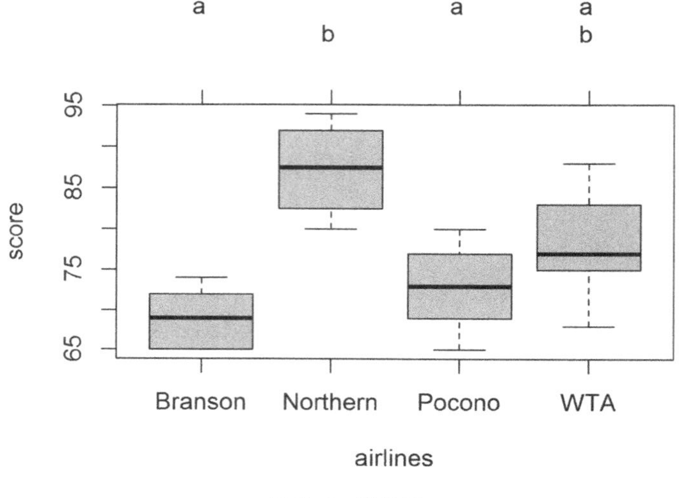

图 8-4　箱线图

图 8-4 中,有相同字母的组说明均值差异不显著。

第四节　组间差异分析与两两比较

当数据不满足正态分布或方差齐性时，需要采用更为稳健的分析方法，比如非参数法。当然,满足方差分析的条件也是可以使用非参数方法的,只是检验效能低一点而已。

Kruskal-Wallis 检验,可以确定两个或多个组的中位数是否存在差异。数据必须有一个分类变量和一个连续变量,所有组的数据分布都必须具有相似的分布形状。

```
fitK<-kruskal.test(y~x)
```

1. 多个独立样本

多组独立样本非参数检验后组间差异的两两比较可以用 pgirmess 包中的 kruskalmc()函数或 PMCMR 包中的 posthoc.kruskal.nemenyi.test()函数实现。

(1)kruskalmc()函数

```
library(pgirmess)
kruskalmc(response,trt)
kruskalmc(response,trt,probs=0.001)# 调整检验水准
#kruskalmc()函数以逻辑判断的方式表示是否有显著性差异。
```

(2)使用PMCMR包里的posthoc.kruskal.nemenyi.test函数两两比较

```
install.packages("PMCMRplus")
install.packages ("PMCMR")
posthoc.kruskal.nemenyi.test(response,trt)
```

(3)Dunn法进行两两比较

如果组间有统计学差异,进一步采用Dunn法(也可以是其他方法)进行多重比较。

安装并调用FSA包，使用dunnTest命令进行Dunn法，*P*值校正方法选择bonferroni法,可以直接看P.adj列,即为校正后的*P*值,可以与0.05直接比较。

```
dunnTest(response,trt)
```

2. 多个相关样本

Friedman M检验使用函数 friedman.test要求的数据是向量或矩阵,需要把数据转换成矩阵。

```
e<-as.matrix(cholesterol)
friedman.test(e)# 长格式数据
```

两两比较,可以用PMCMR包中的posthoc.friedman.nemenyi.test()函数,需要宽格式数据。

```
library(multcomp)
attach(cholesterol)
mydata<- split(response,trt)
mydata<-as.data.frame(mydata)
library(PMCMR)
f<-as.matrix(mydata)
posthoc.friedman.nemenyi.test(f)
ANOVADATA <- read.table ("C:/ANOVADATA.csv",sep=",", header=TRUE, as.is= FALSE)
attach(ANOVADATA)
fitK<-kruskal.test(score ~ airlines, data = ANOVADATA)
fitK
##
##  Kruskal-Wallis rank sum test
##
## data:  score by airlines
## Kruskal-Wallis chi-squared = 11.578, df = 3, p-value = 0.008978
```

```
library(pgirmess)
## Warning: package 'pgirmess' was built under R version 4.0.2
kruskalmc(score,airlines)
## Multiple comparison test after Kruskal-Wallis
## p.value: 0.05
## Comparisons
##                       obs.dif critical.dif difference
## Branson-Northern 13.541667    11.058498       TRUE
## Branson-Pocono    3.773810     9.531227      FALSE
## Branson-WTA       7.716667    10.373791      FALSE
## Northern-Pocono   9.767857    10.737894      FALSE
## Northern-WTA      5.825000    11.492329      FALSE
## Pocono-WTA        3.942857    10.031327      FALSE
kruskalmc(score,airlines,probs=0.001)
## Multiple comparison test after Kruskal-Wallis
## p.value: 0.001
## Comparisons
##                       obs.dif critical.dif difference
## Branson-Northern 13.541667     15.78061      FALSE
## Branson-Pocono    3.773810     13.60117      FALSE
## Branson-WTA       7.716667     14.80352      FALSE
## Northern-Pocono   9.767857     15.32310      FALSE
## Northern-WTA      5.825000     16.39969      FALSE
## Pocono-WTA        3.942857     14.31482      FALSE
library(PMCMRplus)
## Warning: package 'PMCMRplus' was built under R version 4.0.2
library(PMCMR)
## Warning: package 'PMCMR' was built under R version 4.0.2
## Registered S3 methods overwritten by 'PMCMR':
##   method          from
##   print.PMCMR     PMCMRplus
##   summary.PMCMR PMCMRplus
## PMCMR is superseded by PMCMRplus and will be no longer maintained. You may wish to install PMCMRplus instead.
posthoc.kruskal.nemenyi.test(score,airlines)
## Warning in posthoc.kruskal.nemenyi.test.default (score, airlines): Ties are
## present, p-values are not corrected.
```

```
##
##  Pairwise comparisons using Tukey and Kramer (Nemenyi) test
##                       with   Tukey-Dist   approximation   for
independent samples
##
## data:  score and airlines
##
##          Branson Northern Pocono
## Northern 0.0068  -        -
## Pocono   0.7231  0.0771   -
## WTA      0.2023  0.5391   0.7277
##
## P value adjustment method: none
library(FSA)
## Warning: package 'FSA' was built under R version 4.0.2
## ## FSA v0.8.30. See citation('FSA') if used in publication.
## ## Run fishR () for related website and fishR ('IFAR') for
related book.
dunnTest(score,airlines)
## Dunn (1964) Kruskal-Wallis multiple comparison
##   p-values adjusted with the Holm method.
##          Comparison         Z      P.unadj       P.adj
## 1 Branson - Northern -3.239834 0.001195995 0.007175968
## 2   Branson - Pocono -1.047558 0.294842481 0.589684961
## 3  Northern - Pocono  2.406728 0.016096170 0.080480852
## 4      Branson - WTA -1.968063 0.049060791 0.196243166
## 5     Northern - WTA  1.341018 0.179914576 0.539743727
## 6       Pocono - WTA -1.039919 0.298377651 0.298377651
e<-as.matrix(ANOVADATA)
friedman.test(e)# 长格式数据
##
##  Friedman rank sum test
##
## data:  e
## Friedman chi-squared = 22, df = 1, p-value = 2.727e-06
# 数据集 ANOVADATA 各个向量长度不等,无法转成宽格式
library(multcomp)
## Warning: package 'multcomp' was built under R version 4.0.2
```

```
## Loading required package: mvtnorm
## Loading required package: survival
## Loading required package: TH.data
## Warning: package 'TH.data' was built under R version 4.0.2
## Loading required package: MASS
## Warning: package 'MASS' was built under R version 4.0.2
##
## Attaching package: 'TH.data'
## The following object is masked from 'package:MASS':
##
##     geyser
attach(cholesterol)
mydata<- split(response,trt)
mydata<-as.data.frame(mydata)
library(PMCMR)
f<-as.matrix(mydata)
posthoc.friedman.nemenyi.test(f)
##
##  Pairwise comparisons using Nemenyi multiple comparison test
##              with q approximation for unreplicated blocked data
##
## data:  f
##
##         X1time  X2times X4times drugD
## X2times 0.8600  -       -       -
## X4times 0.0248  0.2758  -       -
## drugD   0.0022  0.0559  0.9550  -
## drugE   3.5e-06 0.0004  0.2109  0.6184
##
## P value adjustment method: none
```

第九章　列联表资料统计分析

一、独立四格表(表 9-1)

表 9-1　独立四格表

组别	结果		合计
	阳性	阴性	
甲	a	b	a+b
乙	c	d	c+d
合计	a+c	b+d	n

1. Pearson χ^2 检验

Pearson χ^2（卡方）检验是一种计数资料的假设检验方法，由英国统计学家 Karl Pearson 于 1900 年提出。主要用于比较两个及两个以上样本率(构成比)以及两个分类变量的关联性。

卡方检验零假设是两个分类变量之间独立(无关),备择假设是不独立(有相关关系)。

实际(观测)频数:Actual/Observed frequency,简称 A 或 O)

理论(期望)频数:Theoretical/Expected frequency,简称 T 或 E)

Pearson χ^2 检验适用条件:总例数 $n \geqslant 40$,每个单元格期望频数 $E \geqslant 5$。

$$\chi^2=\sum\frac{(O-E)^2}{E}$$

O 为观察频数,E 为期望频数。如果 χ^2 值大于事先确定的水准 α 对应的 χ^2 临界值 $\chi^2_{\alpha\nu}$,则拒绝 H_0,接受 H_1,差异有统计学意义。

第 r 行(r=1,2,…,R)、第 c 列(c=1,2,…,C)格子中的观察频数 O_{rc} 对应的期望频数为

$$E_{rc}=\frac{n_r \cdot n_c}{n}$$

n_r 为第 r 行的合计数，n_c 为第 c 列的合计数,n 为总例数。

对于 $R\times C$ 行列表,自由度

$$\nu=(R-1)(C-1)$$

式中,R 为行变量的类数,C 为列变量的类数。

自由度 ν 是 χ^2 分布的唯一参数,决定 χ^2 分布的图形形状,当 $\nu \leqslant 2$ 时,曲线呈 L 型，ν 越大,曲线越趋于对称,当 ν 趋于无穷大时，χ^2 分布趋于正态分布。

2. χ^2 统计量的连续性校正

英国统计学家 Yates F.(1934)认为，χ^2 分布是一种连续型分布,而四格表中的资料

属离散型分布,由此得到的χ^2统计量的抽样分布也是离散的。为改善χ^2统计量分布的连续性,他建议将实际观察频数 O 和理论期望频数 E 之差的绝对值减去 0.5 进行连续性校正,这种方法被称为连续性校正卡方检验。计算公式为

$$\chi^2=\sum\frac{(|O-E|-0.5)^2}{E}$$

四格表资料是否需要进行连续性校正,一般可按如下情况处理:总例数 $n\geqslant40$,若有一个单元格的期望频数 $1\leqslant E<5$,采用连续性校正χ^2检验。

3. Fisher 确切概率检验

Fisher 确切概率法(Fisher's exact probability)是一种直接计算概率的假设检验方法,其理论依据为超几何分布。该法不属于卡方检验的范畴,但常作为成组设计行乘列表检验的补充。

$n\geqslant40$ 独立四格表的任何一个单元格的期望频数 $E<1$,或总例数 $n<40$,或卡方检验所得 P 值接近检验水准 α,采用 Fisher 确切概率检验。

4. R 语言统计分析

(1)Pearson 卡方检验

①根据给定的数据(频数)建立四格表(表 9-2)。

表 9-2　吸烟与肺癌关系的调查数据

	吸烟	不吸烟
肺癌患者	60	3
对照组	32	11

```
compare<-matrix (c (60,32,3,11), nrow= 2,dimnames = list (c("cancer",
"normal"),c("smoke", "Not smoke")))
compare
##          smoke   Not smoke
## cancer     60          3
## normal     32         11
```

compare 是一个矩阵。其中,c(60,32,3,11)是一个数值向量,nrow=2 表示有两行,先排“列”数据,再排“行”数据。

②选定数据框中的两个分类变量,使用 table()建立四格表。

数据集 Arthritis 属于 vcd 包,是研究类风湿关节炎的临床试验结果,包含 84 个观察值和 5 个变量。

ID, 患者 ID;Treatment,(安慰剂、治疗);Sex (男性、女性),Age, 年龄;Improved (None, Some, Marked)。

```
library(vcd)
mytable <-xtabs(~Treatment+Improved,data=Arthritis)
mytable
##                      Improved
```

```
## Treatment   None Some Marked
##   Placebo    29    7      7
##   Treated    13    7     21
chisq.test(mytable)$expected# 计算期望频数
##                          Improved
## Treatment      None      Some   Marked
##   Placebo      21.5 7.166667 14.33333
##   Treated      20.5 6.833333 13.66667
chisq.test(mytable,correct=FALSE)
##  Pearson's Chi-squared test
##
## data:  mytable
## X-squared = 13.055, df = 2, p-value = 0.001463
chisq.test(mytable,correct=FALSE)$residuals # Pearson residuals
##                                Improved
## Treatment         None         Some       Marked
##   Placebo  1.61749160 -0.06225728 -1.93699199
##   Treated -1.65647289  0.06375767  1.98367320
chisq.test(mytable,correct=FALSE)$stdres # standardized residuals
##                                Improved
## Treatment         None         Some       Marked
##   Placebo  3.27419655 -0.09761768 -3.39563632
##   Treated -3.27419655  0.09761768  3.39563632
mosaicplot(mytable, color = TRUE )#(图 10-1)
```

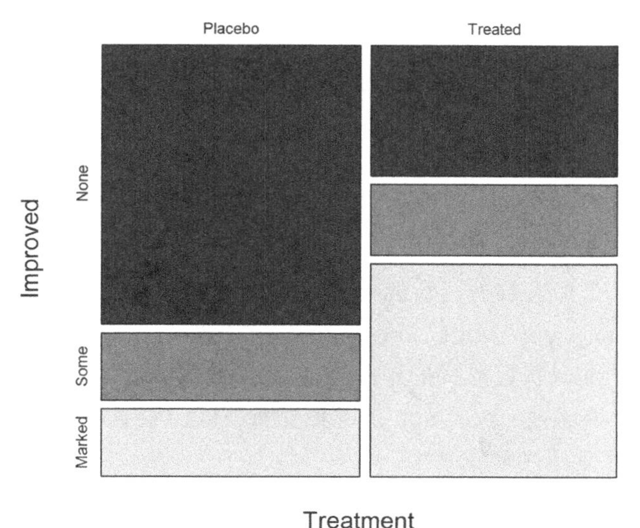

图 10-1 列联表资料马赛克图

(2)连续校正卡方检验(连续校正仅用于四格表)

```
chisq.test(data)
```

函数 chisq.test() 的缺省设置是 correct = TRUE(默认)。

(3)fisher 精确检验

```
fisher.test(data)
```

5. 检验步骤

(1)建立假设

零假设:两组样本率相同;

备择假设:两组样本率不相同。

(2)确定检验水准

一般确定检验水准为 0.05

(3)计算统计量和 P 值

(4)统计推断

$P \leqslant 0.05$,拒绝原假设,接受备择假设,差异有统计学意义。

$P > 0.05$,不能拒绝原假设,差异无统计学意义。

二、配对四格表(McNemar 检验)

配对设计的特点是对同一样本的每一份样品分别用 A、B 两种方法处理。

例 某实验室分别用乳胶凝集法和免疫荧光法对 58 名可疑系统性红斑狼疮患者血清中抗核抗体进行测定,结果见表 9-3。问两种方法的检测结果有无差别?

表 9-3 两种方法检测结果

免疫荧光法	乳胶凝集法		合计
	+	-	
+	11	12	23
-	2	33	35
合计	13	45	58

H_0:两种方法检测结果相同

H_1:两种方法检测结果不同

$\alpha = 0.05$

两配对分类变量交叉表数据资料的卡方检验,采取 McNemar 检验。

```
mcnemar.test(x, y = NULL, correct = TRUE)
```

其中 x 是具有二维列联表形式的矩阵或是由因子构成的对象。y 是由因子构成的对象,当 x 是矩阵时,此值无效。correct 是逻辑变量,TRUE(缺省值)表示在计算检验统计量时用连续修正,FALSE 是不用修正。

a	b
c	d

当 b+c < 40 时,使用连续性校正,即 correct=TRUE。

当 b+c ≥ 40 时,不使用连续性校正,即 correct=FALSE。

```
mydata <-matrix(c(11,2,12,33),nrow=2,byrow=T,dimnames=list(免疫荧光法 =c("+","-"),乳胶凝集法 =c("+","-")))
mydata
##                  乳胶凝集法
##   免疫荧光法       +    -
##          +        11    2
##          -        12   33
mcnemar.test(mydata, correct = TRUE)
##
##  McNemar's Chi-squared test with continuity correction
##
## data:  mydata
## McNemar's chi-squared = 5.7857, df = 1, p-value = 0.01616
```

配对四格表,有两种分析方法可以选择,即 McNemar 检验和 Kappa 检验。前者关注的是差异,后者关注的是一致性。

Kappa 检验由 Cohen 于 1960 年提出，因此又称为 Cohen's Kappa。Kappa 取值从 -1~1。-1 代表完全不一致;1 代表完全一致;正值越接近 1 代表一致性越好。通常 0.75 以上表示一致性较满意,0.4 以下一致性不好。

示例数据是 irr 包中的 diagnoses 数据集的一部分,包括三个医生对 30 位病人的诊断结果。

(1)两组结果一致性检验:Cohen's Kappa

```
library(irr)
data(diagnoses)
dat <- diagnoses[,1:3]
kappa2(dat[,c(1,2)],"unweighted")
```

(2)多组结果一致性检验：Fleiss's Kappa, Conger's Kappa

```
kappam.fleiss(dat)
```

三、双向无序列联表资料统计分析

1. 列联表的一般形式

列联表又称 R×C 表,R 表示行(Row),C 表示列(Column)。最常见的就是表 9-4 的二维表。维,指的是变量个数,两个变量就是二维。

表 9–4 列联表

	B_1	B_2	…	B_c	行和
A_1	n_{11}	n_{12}	…	n_{1c}	n_1
A_2	n_{21}	n_{22}	…	n_{2c}	n_2
…	…	…	…	…	…
A_r	n_{r1}	n_{r2}	…	n_{rc}	n_r
列和	n_1	n_2	…	n_c	n(总和)

其中,分类变量A有r个水平,分类变量B有c个水平,表中共有$r×c$个组合,n_{ij}代表两个变量各分类某一组合的频数。

关于列联表的检验假设:

H_0:变量A与变量B相互独立

H_a:变量A与变量B不相互独立

2. 双向无序列联表的独立性分析

双向无序表,最常用的分析方法是Pearson卡方检验。

①Pearson卡方检验要求n≥40,并且不能有期望频数小于1的单元格,如果有,则需要采用Fisher精确检验;

②不能有超过1/5的单元格期望频数在[1,5)范围,如果有多于20%的单元格期望频数小于5,卡方统计量会变大,也容易造成假阳性(假的拒绝)的概率增大,这时可以采用Fisher精确检验。

```
chisq.test(data)
fisher.test(data)
```

双向无序列联表的卡方检验,应该80%以上单元格的期望频数大于5,并且不能有期望频数小于1的单元格。如果有20%以上单元格的期望频数小于5,或者任意一个单元格的期望频数小于1,则采用Fisher确切概率检验。

3. 两两比较

如果经检验拒绝原假设,必要时可进一步进行两两比较。

四、单向有序列联表

单向有序列联表分两种。

1. 分组变量有序,结果无序

这种单向有序列联表的分析可将其视为双向无序列联表进行分析,采用卡方检验。

分组变量为有序的列联表还可以应用线性趋势检验。

考虑到行(分组)变量的有序性,随着行变量水平的递增,列变量的结局有没有趋势变化呢?此时考察的目标就是“行列变量之间有无线性趋势”。

如果$P<0.05$,则拒绝原假设,即行列变量间存在线性趋势。

Cochran-Armitage 趋势检验:

Cochran-Armitage 趋势检验常用来说明某一事件发生率是否随着分组变量的变化而呈线性趋势。(结果变量可以二分类,也可多分类)

Nakajima 等人(2014)收集了 9 年内中风患者的信息。根据病因,将中风类型分为 5 类。数据框 stroke,包含 3 个变量,共 45 个观察值。

Type　　中风病因,分为小血管闭塞、大动脉硬化、心源性栓塞、其他已确定病因和未确定病因

Year　　观测年份

Freq　　当年特定病因中风患者的数量

```
library(multiCA)
data(stroke)
mytable <- xtabs(Freq~Type+Year, data=stroke)
mytable
multiCA.test(Type~Year,weight=Freq,data=stroke)
## $overall
##  Multinomial Cochran-Armitage trend test
##
## data:  tab
## W = 40.066, df = 4, p-value = 4.195e-08
## alternative hypothesis: true slope for outcomes 1:nrow (x) is
not equal to 0
##
## $individual
## [1] 4.623706e-01 4.623706e-01 1.209429e-06 5.698241e-05 4.105723e-01
## attr(,"method")
## [1] "Holm-Shaffer"
```

2. 结果有序,分组无序

对于这种表,卡方检验通常不太适用,大多会选择秩和检验、Ridit 检验(Ridit 检验和秩和检验是等效的)或 Logistic 回归分组变量为二值变量,采用 Wilcoxon 秩和检验;分组变量为多值名义变量,采用 Kruskal-Wallis 检验。

```
kruskal.test(effect~method,data=fdatain)
```

五、双向有序属性相同列联表

双向有序属性相同列联表其实就是配对表(不同检测方法,同一样本),关注一致性,用 Kappa 分析。McNemar 检验只适用于四格表,当表格大于四格表时,关注不一致性就要用 Bowker 检验来分析。

Bowker 检验又称平方表检验或对称性检验(Test of Symmetry),是 McNemar 检验的一般化和扩展。这个方法是美国教育家和统计学家 Albert H. Bowker 于 1948 年发表的

论文*A Test for Symmetry in Contingency Tables*中提出的,通常也被称为McNemar-Bowker检验。Bowker检验不仅适用于顺序变量,也同样适用于无序变量。

六、属性不同双向有序表的线性趋势检

属性不同的双向有序表的分析方法因目的不同,大致分成以下四种。

1. 卡方检验

把有序表当成无序表来分析,不关心变量的相关性,而仅仅关注表格中各行的频数分布是否存在显著差异。

2. 秩和检验或Ridit分析

将双向有序表变成单向有序表,分析目的只关心各组结果之间是否存在显著差异,而不在意原因变量的排序。

3. Spearman或Kendall's tau秩相关分析

其目的在于考察两个变量之间是否存在相关关系,因表格中的变量是等级变量,不是计量变量,因此不能采用经典的Pearson相关分析。

4. 线性趋势检验(Test for Linear Trend)

若两个有序变量之间存在相关关系,还希望进一步了解两个有序变量是否存在线性变化趋势,则采用本法做出判断。

七、计算列联系数

若行x列表资料的两个分类变量都为无序分类变量,进行多个样本率的比较、样本构成比的比较都可以用卡方检验,也就是使用chisq.test()函数来计算。

若得知两个分类变量之间有关联性,需进一步分析关系的密切程度时,可计算Pearson列联系数。

列联系数(Contingency Coeff) C 取值为0~1,0表示完全独立,1表示完全相关;愈接近于1,关系愈密切。

vcd包中的assocstats () 函数可以用来计算二维列联表的phi系数、列联系数和Cramer's V 系数。

1. phi系数

2. C 系数

C 系数称为列联相关系数,主要用于大于2×2的列联表

当两个变量完全独立时, C=0; C 不可能等于1。C 越大,说明两个变量的关系越密切。

3. Cramer's V 系数

这个系数由瑞典统计学家Harald Cramer1964年提出的。

当两个变量完全无关时, V=0;两个变量完全相关时, V=1。因此这个值越接近1,说明两个变量的关系越密切。

```
assocstats {vcd}
assocstats(x)
library(vcd)
```

```
data("Arthritis")
tab <- xtabs(~Improved + Treatment, data = Arthritis)
summary(assocstats(tab))
assocstats(UCBAdmissions)
M <- as.table(rbind(c(762, 327, 468), c(484, 239, 477)))
dimnames(M) <- list(gender = c("F", "M"),
                    party = c("Democrat","Independent", "Republican"))
(Xsq <- chisq.test(M))  # Prints test summary
x <- matrix(c(12, 5, 7, 7), ncol = 2)
chisq.test(x)
```

八、卡方分割检验(两两比较卡方检验)

```
library(rcompanion)
data76<-matrix(c(199,164,118,7,18,26),nr = 3,dimnames = list(c(" 物理疗法 "," 药物疗法 "," 外用药 "),c(" 有效 ", " 无效 ")))
pairwiseNominalIndependence    (data76,fisher=FALSE,gtest=FALSE, chisq=TRUE, method = "fdr")
##            Comparison  p.Chisq p.adj.Chisq
## 1 物理疗法 : 药物疗法 1.68e-02    0.025200
## 2 物理疗法 : 外用药 9.34e-06      0.000028
## 3 药物疗法 : 外用药 4.78e-02      0.047800
```

*P*值校正的方法,可以选择 fdr 法,也可以选择 bonferroni 法。

事后两两比较由于检验次数的增多，会增加一类错误的概率，所以通常需要校正*P*值。需要说明的是,有的*P*值经校正之后等于 1,这很正常。

卡方分割法

多个实验组两两比较(alpha=alpha/(choose(2, k)+1))

实验组与同一个对照组比较(alpha=alpha/(2*(k-1)))

九、Cochran-Mantel-Haenszel 检验(分层检验)

mantelhaen.test()函数可用来进行 Cochran-Mantel-Haenszel 检验,其原假设是,两个名义变量在第三个变量的每一层中都是条件独立的。下列代码可以检验治疗情况和改善情况在性别的每一水平下是否独立。

```
mytable <- xtabs(~Treatment+Improved+Sex, data=Arthritis)
mantelhaen.test(mytable)
##  Cochran-Mantel-Haenszel test
## data:  mytable
## Cochran-Mantel-Haenszel M^2 = 14.632, df = 2, p-value = 0.0006647
```

结果表明,患者接受的治疗与得到的改善在性别的每一水平下并不独立。

参考文献

[1]PEARSON R K. Exploratory Data Analysis Using R[M]. Boca Raton: CRC Press, 2018

[2]CANO E L, MOGUERZA J M, REDCHUK A. Six Sigma with R[M]. Springer New York, 2012

[3]KABACOFF R. Data Analysis and Graphics with R[M]. 2nd ed. New York: Manning Publications, 2015

[4]WICKHAM H, GROLEMUND G. R for Data Science[M]. Sebastopol: O'Reilly Media, 2017

[5]CHANG W. R Graphics Cookbook[M]. Sebastopol: O'Reilly Media,2012

[6]HASTIE T, TIBSHIRANI R, FRIEDMAN J. The Elements of Statistical Learning: Data Mining, Inference, and Prediction[M]. 2nd ed. New York: Springer, 2009

[7]JAMES G, WITTEN D, HASTIE T. An Introduction to Statistical Learning with Applications in R[M]. New York: Springer, 2013

[8]ANDERSON D R, SWEENEYD J, WILLIAMS T A. Statistics for Business and Economics[M]. Cincinnati: South-Western College Pub, 2011